AF250524

OBSERVATIONS

QUI PROUVENT QUE L'ABUS DES REMÈDES,

SURTOUT

DE LA SAIGNÉE,

ET

DES ÉVACUANS DU CANAL ALIMENTAIRE;

Est la cause la plus puissante de notre destruction prématurée, des maux et des infirmités qui la précèdent ;

ET

RÉFLEXIONS

Sur l'importance des services que la Médecine rendroit à la société ; si, pour bannir le charlatanisme, on faisoit dépendre de leurs succès réels, l'honneur et la fortune des Médecins.

OBSERVATIONS

QUI PROUVENT QUE L'ABUS DES REMÈDES,

SURTOUT

DE LA SAIGNÉE

ET

DES ÉVACUANS DU CANAL ALIMENTAIRE,

Est la cause la plus puissante de notre destruction prématurée, des maux et des infirmités qui la précèdent ;

ET

RÉFLEXIONS

Sur l'importance des services que la Médecine rendroit
à la société , si, pour bannir le charlatanisme , on
faisoit dépendre de leurs succès réels , l'honneur et
la fortune des Médecins.

Par L.-F. BIGEON , Docteur en Médecine,

*Médecin des épidémies : du Bureau de bienfaisance de
Dinan ; des Sociétés de Médecine pratique , médicale ,
galvanique , académique des sciences de Paris , etc.*

DINAN;

Chez JEAN-BAPTISTE-TOUSSAINT-ROBERT HUART,
Imprimeur-Libraire.

1812.

La fureur de traiter les maladies en faisant prendre
drogues sur drogues ayant gagné les têtes ordinaires,
les Médecins sont aujourd'hui plus nécessaires pour
les empêcher et les défendre que pour les ordonner.

Hist. médic. de l'armée d'Orient, p. 160.

AVERTISSEMENT.

LE témoignage de confiance dont le Gouvernement m'a honoré, en me chargeant de veiller à la conservation de mes concitoyens ; l'accueil que les Sociétés médicales et littéraires ont fait à mes premiers essais, m'imposent, en quelque sorte, l'obligation de faire connoître celles de mes observations et de mes recherches que je crois les plus propres à accélérer les progrès de la Médecine, et à rendre ses applications au traitement des maladies, plus constamment heureuses qu'elles ne l'ont été jusqu'ici.

Je vais donc, quoique je ne me dissimule pas les dégoûts et les contrariétés que l'on me fait pressentir, quoique les soins que j'ai donnés aux malades, ne m'aient pas permis de méditer, autant que je le désirois, la rédaction de cette notice ; je vais dire ce que l'expérience m'a appris, exposer les réflexions qu'elle m'a fait naître, enfin suivre le conseil de mon digne et savant ami le D.r Fouquier, Médecin à l'Hospice de la Charité de Paris. » Je ne doute pas, m'écrit-il, que cet ouvrage ne vous fasse autant d'ennemis qu'il vous fera d'honneur, parce qu'il attaque la pratique de beaucoup de nos Confrères ; mais je suis d'avis que l'on montre la vérité toute nue, sans égard aux passions que l'on peut mettre en jeu «.

Après avoir médité les écrits ou suivi la pratique des plus grands Médecins ; après avoir long-temps observé la manière dont se terminent les maladies, lorsque le travail de la nature est secondé ou convenablement dirigé ; je me suis plu à répandre, à exposer les bases d'une Médecine fondée sur l'organisme de nos fonctions ; et déjà le nécrologe de l'arrondissement de Dinan atteste combien seroit salutaire l'influence que cette Médecine exerceroit sur la population, si la doctrine enseignée pendant les derniers siècles, n'avoit laissé dans l'esprit de la plupart des hommes, des préventions aussi funestes que difficiles à détruire ; si la méthode débilitante et perturbatrice, aujourd'hui combattue dans les Ecoles les plus justement célèbres, ne trouvoit encore, même parmi les Médecins, de zélés défenseurs. Mais quelque spécieux que puisssent être les raisonnemens de ces Médecins, quelqu'imposantes que soient les autorités qu'ils citent en leur faveur, des raisonnemens et des autorités ne balanceront point, dans l'esprit d'un lecteur judicieux, des faits recueillis avec soin et légalement attestés. L'heureuse impulsion que la Médecine a reçue de nos jours, assure le triomphe de la vérité, et bientôt il ne sera plus possible d'égarer l'opinion sur une science dont les vrais principes trouvent dans la statistique un appui irrécusable.

» A travers tous les systêmes et les

opinions qui se sont succédé en Médecine, et qui laissent souvent les es-
prits superficiels dans un état de fluc-
tuation et d'incertitude sur l'efficacité
des remèdes et les principes du traitement, il y a, dit le savant et célèbre
auteur de la Nosographie philosophique, un objet fondamental sur
lequel le Médecin, dégagé de toute
prévention, peut toujours se fixer :
c'est de porter une attention particulière au nécrologe...... Un accroissement gradué de population a toujours été regardé comme un des signes les moins équivoques de la prospérité croissante d'une ville, d'une
contrée ou d'un empire. De même
un rapport décroissant de mortalité
n'est-il point un témoignage irréfra-
gable que donne la Médecine de ses
principes et de sa dignité, en luttant
contre les efforts de la destruction et
de la mort « ?. *Méd. cli. p.* 466.

OBSERVATIONS

QUI PROUVENT QUE L'ABUS DES REMÈDES,

SURTOUT

DE LA SAIGNÉE

ET

DES ÉVACUANS DU CANAL ALIMENTAIRE,

Est la cause la plus puissante de notre destruction prématurée, des maux et des infirmités qui la précèdent.

Une existence longue et heureuse, une mort prématurée après de profondes douleurs, résultent l'une et l'autre d'une organisation plus ou moins parfaite, et plus encore des modifications salutaires ou nuisibles qu'éprouvent les diverses fonctions qui constituent nos facultés physiques et intellectuelles.

L'étude de ces facultés et des modifications qu'elles éprouvent, nous apprend qu'il est en nous un principe destiné à réagir contre les causes de notre destruction ; que ce principe s'affoiblit, lorsqu'il n'est pas convenablement excité ; qu'une congestion grave, une lésion profonde, une irritation vive de quelques organes essentiels peuvent donner à ses efforts une direction vicieuse :

enfin qu'il est presque toujours possible de prévoir, de seconder ou de diriger les mouvemens salutaires qu'il prépare, et de protéger ainsi la vie contre les accidens qui tendent à en abréger le cours.

La Médecine est le fruit des observations recueillies pendant un grand nombre de siècles sur ces divers objets, sur l'influence qu'exercent en nous les affections morales, les boissons, les alimens, les remèdes, les exercices, les saisons, les climats et tout ce qui nous environne. Elle nous apprend à prévenir les maladies ; et l'utilité de ses applications à leur traitement ne pourroit être contestée, si tous ses ministres, après une étude longue et approfondie des lois de notre organisation, ne prescrivoient qu'avec prudence les remèdes les plus actifs ; si les malades savoient que la Médecine est de toutes les sciences la plus difficile, et si, appréciant mieux les ressources qu'offre la nature, lorsqu'elle est bien dirigée, ils sollicitoient avec moins d'empressement des remèdes débilitans et perturbateurs, dont ils ne peuvent qu'imparfaitement connoître les effets.

Je pourrois citer de nombreuses observations cliniques en faveur de la doctrine

médicale que je vais exposer ; mais je n'i-
gnore pas que l'expérience est trompeuse ;
et parce que des observations particulières
ont servi de base à tous les systêmes , parce
que souvent elles portent l'empreinte des
opinions de celui qui les rédige , elles sont
fastidieuses pour les lecteurs ordinaires ,
et au moins inutiles pour les Médecins ,
lorsqu'elles n'offrent rien qu'ils n'aient pu
voir au lit des malades, ou qui ne se retrouve
dans les livres de Médecine. Si je crois
convenable d'en insérer quelques-unes dans
cet écrit , ce sera moins pour appuyer mes
assertions , que pour en rendre l'intelligence
plus facile.

Mes preuves se trouveront dans l'organisme de nos fonctions , dans l'expérience
des Médecins les plus justement célèbres ,
mais surtout dans la statistique de l'arrondissement de Dinan. Mes lecteurs , je l'espère,
reconnoîtront que la diminution observée
dans le nombre des décès enregistrés dans
quelques communes , n'est point due à des
circonstances heureuses et étrangères à la pratique de la Médecine. J'ai pu la prévoir et
l'annoncer depuis plus de dix ans, c'est-à-dire,
depuis que j'ai reconnu que la cause de la
grande mortalité que l'on remarque dans

la plupart des villes et dans quelques campagnes, se trouve dans l'abus des évacuans.

Ces remèdes, que l'on appelle généraux, parce que long-temps un préjugé funeste a fait croire qu'il convient de les opposer à toutes les maladies, inspirent encore aux malades une entière confiance, et c'est en vain pour la plupart d'entr'eux , qu'aujourd'hui les Médecins les plus probes, les plus instruits, s'efforcent de faire sentir combien des saignées, des vomitifs et des purgatifs inconsidérément prescrits, peuvent être dangereux , combien est funeste l'influence que les opinions populaires exercent sur la pratique de la Médecine. Je donnerai de nouvelles preuves de ces assertions, après avoir parlé des effets de la saignée et des évacuans du canal alimentaire.

Les évacuations artificielles du sang sont de tous les remèdes, peut-être , celui dont on a le plus fréquemment abusé. Elles peuvent, dit-on, corriger le vice des humeurs, remédier à la pléthore, à la diathèse inflammatoire et aux inflammations locales.

Je vais rappeler quelques-unes des notions physiologiques , qui , dans ces diverses circonstances, peuvent éclairer la pratique de la Médecine.

Plusieurs fois dans un jour, les fluides blancs, renfermés dans les capillaires ou dans le tissu de nos organes, rentrent dans les gros vaisseaux et se confondent avec le sang dont, en général, ils ne diffèrent que par l'absence du principe qui le colore. Les solides eux-mêmes, successivement résorbés et rejetés au dehors, trouvent dans les fluides les élémens propres à réparer les pertes qu'ils ne cessent de faire.

Ces changemens successifs nous procurent, pour ainsi dire, une nouvelle existence (1), lorsque le sang a les qualités convenables à l'individu dont il est la substance et en quelque sorte la vie ; mais les

---

(1) « Les parties les plus silencieuses de l'animal vivant, sont dans un mouvement intestin perpétuel, et nous nous renouvelons de partout à chaque instant. Nos os perdent le sel qui en fait la base, et en acquièrent de nouveau ». M. FODÉRÉ, *Physiol*. *T.* 3, *page* 114 ».

« On a calculé avec assez de vraisemblance, dit M. Hufeland, que, tous les trois mois, nous changeons et sommes composés de particules toutes nouvelles.... On a vu des vieillards, à qui, dans un âge très-avancé, de 6o, de 7o ans, époque qui semble être le terme de la vie, à qui, cependant, il poussoit de nouvelles dents, de nouveaux cheveux, et qui commençoient une nouvelle période qui duroit 20 et 3o ans ». *Art de prolonger la vie humaine*, *p.* 98 *et* 112 ».

phénomènes qu'il présente lorsqu'il est sorti des vaisseaux, les sécrétions viciées qui en découlent, l'action de plusieurs virus et de quelques poisons, nous y font reconnoître de nombreuses altérations, qui, quoiqu'elles n'aient point été jusqu'ici démontrées par des analyses rigoureuses, ont dans tous les temps fixé l'attention des Médecins (1).

---

(1) M. Dumas considère sous les titres suivans, les différences observées dans les humeurs. 1. L'épaississement physique des fluides. 2. Leur résolution physique. 3. La surabondance et l'amas de certaines humeurs dominantes, comme le sang, la bile, l'humeur muqueuse, la sérosité, le lait. 4. Le défaut et la privation des mêmes humeurs. 5. Les différentes espèces de dégénérations ou de vices que les qualités des fluides contractent. *Doctrine g^{le}. des maladies chroniq.*

« Revocantur 1. ad acrimoniam merè mechanicam dictam, ubi omnibus iisdem manentibus, sola figura ut in angulos solidos acutos componitur. 2. Ad acrimoniam salinam dictam, quæ hîc imprimis est muriatica, ammoniaca, acida, alcalescens, fixa, volatilis, simplex, composita. 3. Ad oleosam, quæ est olei in spiritu attenuati, olei attritu nimio quasi exusti, olei salini, olei terrestris, olei acris quasi exusti, salini et terrestris simul. 4. Ad saponaceam acrimoniam, qualis in venenis animalium et vegetantium deprehenditur. 5. Ad acrimoniam ex quatuor præcedentibus compositam, tum et eam, quæ ab assumptis acribus, in corpore sæpè nascitur, ut à vitriolis metallicis ». *Boerh. inst. med.* § 725.

(7)

» Le sang est d'un rouge vif dans les in-
» dividus pleins d'énergie et de vigueur...
» On peut à sa couleur juger de toutes ses
» propriétés : sa consistance visqueuse est
» d'autant plus grande , sa saveur d'autant
» plus marquée , son odeur spécifique et
» fragrante d'autant plus forte , qu'il est
» plus coloré (1).

Les saignées enlèvent au sang , dans une
très-grande proportion , le principe odorant,
la matière fibreuse , l'albumine et les glo-
bules ferrugineux qui le colorent (2).
Elles augmentent ainsi la quantité relative de
lymphe qui , toujours , dans les cachexies
ou altérations humorales , est trop abondante. Alors l'air vital ne trouve point dans
les poumons , en quantité suffisante , les

(1) *Elémens de Physiol. par M. Richerand* , *T.* 1 ,
page 428.

(2) Le principe colorant, le fer , ne pénètre que
dans les gros vaisseaux , qui , selon Haller , ne peuvent
contenir qu'environ 28 liv. de sang , à peu près le quart
de toutes nos humeurs.

M. Marcus a récemment publié des réflexions aussi
profondes que judicieuses sur le fer qu'il considère
comme spécifique dans les cachexies et autres affections
dans lesquelles les solides sont profondément affoiblis.

bases (l'albumine et le fer) auxquelles il doit s'unir pour les animer ; les solides cessent d'être convenablement excités ; les fluides n'éprouvent plus dans les capillaires l'élaboration sans laquelle ils ne peuvent s'assimiler à nos organes ; ils forment congestion et s'altèrent. Ces altérations qui résultent de la stase des fluides, se remarquent toujours dans les engorgemens lymphatiques, mais plus sensiblement dans les vaisseaux du systême hépatique, dans ceux du poumon , de l'anus , des jambes et autres devenus variqueux.

La quantité des fluides étant moindre après la saignée , et les gros vaisseaux étant plus affoiblis , plus disposés à se laisser distendre , les artères capillaires presque vides se rétrécissent , et ne tardent pas à opposer aux fluides qui doivent les parcourir , une résistance que l'action tonique du cœur et des autres artères ne peut spontanément surmonter. C'est ainsi que la saignée diminue les évacuations habituelles , spécialement la transpiration qui , de toutes les sécrétions , est une des plus propres à enlever au sang les substances salines , acides ou autres qui s'y trouvent mêlées accidentellement ou dans une trop grande proportion.

Lorsque les pores qui doivent livrer passage à la transpiration , exercent convenablement leurs fonctions , quoique tenue et à peine perceptible , cette humeur équivaut en poids à plus de la moitié des substances solides et fluides que nous prenons ; (1) mais elle ne peut être suppléée par les sueurs denses , visqueuses , toujours irrégulières , souvent froides, qui succèdent à la saignée (2).

La sueur enlève au sang les principes les plus propres à la nutrition ; les pores qui lui livrent passage sont très-ouverts , et lorsque le systême vasculaire a peu d'énergie , cette humeur rentre souvent dans la circu-

---

(1) Tres sunt internæ causæ prohibitæ perspirationis; occupatio naturæ, diversio et vires imbecilles... Si cibus et potus unius diei sit ponderis octo librarum , transpiratio insensibilis ascendere solet ad quinque libras circiter. *Sanctorius , de ponderatione , Aph.* 6 et 52.

M. Lavoisier a calculé que lorsqu'on perd 2 liv. 3 onces par la transpiration, 15 onces sortent par les poumons, et une liv. 14 onces par la peau. *Mémoires de l'Académie des sciences , année* 1790.

(2) Effluvia insensibilia quod valdè aërata et in tenuissimum vaporem cocta, longè rapidiora sunt quàm quæ cum multo sudore profundantur : nam sudor, ut crassus et lentus, non parum meatus obstruit. *Lister , in Sanct. page* 112.

.lation , après avoir été altérée par le froid et le contact d'une atmosphère toujours chargée d'une quantité plus ou moins grande d'exhalaisons nuisibles.

Nous venons de voir que les évacuations artificielles du sang augmentent la prédominance du système lymphatique ; qu'elles diminuent l'action vitale ; qu'elles s'opposent aux crises et à l'élaboration que les fluides doivent éprouver dans les capillaires. Ces observations démontrent assez que l'espèce d'axiome qui établit, *qu'il faut tirer le mauvais sang, afin d'en former de meilleur,* est dangereux et en opposition avec les connoissances acquises sur l'organisme de nos fonctions.

Nous avons aussi reconnu que les saignées tendent à diminuer les sécrétions ; elles ne peuvent donc qu'augmenter la disposition à la pléthore , à l'obésité ; et, lorsqu'elles sont très-répétées , elles rendent promptement funeste cet état morbifique qui, loin d'annoncer une forte constitution , indique une grande foiblesse du cœur et des gros vaisseaux.

» Une femme saignée plus de 60 fois ,
» dans un an, pour des affections morales ,

» acquit, en peu de mois , un embonpoint
» tel que le poids de son corps augmenta
» de plus de 150 liv. Chaque jour de nou-
» velles évacuations paroissoient plus ur-
» gentes, jusqu'à ce qu'enfin ses forces
» étant entièrement affoiblies , elle devint
» hydropique « (1).

La pléthore se guérit par la diète , l'exercice et les frictions : elle n'indique point par
elle-même la saignée ; mais toutes les fois
que l'on pratique cette opération , il faut
bien se rappeler que souvent la fausse pléthore simule la pléthore réelle , et que la
saignée rend presque toujours mortelle cette
fausse pléthore, dont la cause se trouve dans
une grande prostration des forces vitales ,

---

(1) *Van Swieten , Comm. in Boerh. T.* 1 , *page*
139.

« Les bouchers Anglais engraissent les bœufs par de
fréquentes saignées. Scarsi assure que l'on fait de même
à Gênes pour les cochons «. *Journal de Méd*ne. *pratiq.*,
Août, 1810.

On a remarqué qu'après la saignée , les chevaux acquièrent plus de fraîcheur ; mais ayant autrefois fait
saigner les miens , je ne tardai pas à reconnoître qu'ils
perdoient en forces bien plus qu'ils n'acquéroient en
embonpoint.

qui alors ne peuvent s'opposer à la raréfaction morbifique du sang, à un commencement de dissolution putride.

Le mot diathèse inflammatoire rappelle
aux malades, et même au vulgaire des Officiers de santé, l'idée d'une sorte de com-
bustion que la saignée peut seule éteindre.
Des flots de sang ont coulé! Cependant aucun
symptôme ne démontre l'existence de cette
diathèse; et quoique Déhaïn, Haller et d'autres
bons observateurs aient reconnu que la
croûte épaisse, blanchâtre, qui se forme
quelquefois sur le sang, ne s'observe pas
toujours dans les maladies les plus inflammatoires ; quoiqu'ils l'aient vue dans des
affections essentiellement différentes : c'est
d'après ce symptôme que, récemment encore, la plupart des Praticiens croyoient
devoir prononcer l'existence de la diathèse
phlogistique et l'utilité de la saignée. Souvent Stoll la conseille pour se déterminer,
par l'inspection de cette croûte, à des évacuations ultérieures ; mais le digne com-
mentateur de ce célèbre Médecin, Eyerel,
nous apprend lui-même combien est trompeuse cette expérience, qui peut être funeste,

puisqu'elle exige la perte d'une assez grande quantité de sang (1).

Ce signe, d'ailleurs, fût-il aussi constant qu'il l'est peu, le mode de lésion que l'on croit qu'il indique, rendroit-il la saignée nécessaire ?

Cullen ne voit dans la diathèse inflammatoire, qu'une affection peu connue des solides : » Il paroît probable, dit-il, que la » diathèse inflammatoire consiste dans l'aug- » mentation de ton ou de contractilité, et peut- » être même dans la contraction augmentée » des fibres musculaires de tout le système » artériel. Cet état du système paroît souvent » naître et subsister quelque temps sans » inflammation apparente d'aucune partie » (2).

---

(1) Il dit, en parlant de cette croûte, *T.* 1, *pag.* 171, 1. Ea sæpè adest etsi nulla febris adsit. 2. Non nunquàm deest in uno, adest in altero vasculo. 3. Nunc major in decursu, quin et in fine morbi, quàm in initio; nunc vice versâ. 4. Frequens in obesis, robustis, plagas boreales inhabitantibus, hyeme, vere, in phthisicis, vulneratis, gravidis. L'on connoît l'opinion du père de la Médecine sur l'usage de la saignée dans cette dernière circonstance. Mulier utero gerens, venâ sectâ abortit, idque potissimùm si fœtus grandior fuerit. *Aph.* 30, *Sect.* 5.

(2) Elémens de Médecine pratique, *T.* 1, *page* 198.

M. De Fourcroy , dans son système des connoissances chymiques, T. 9, p. 164, dit: » Le caractère inflammatoire du sang con- » siste dans une fonte , une liquéfaction de » la partie fibreuse et de la matière albumi- » neuse, au lieu de l'épaississement et de la » coagulation que l'on y avoit admis «. Cette observation sur la nature de la croûte appe- lée inflammatoire , conforme à celle de Hewson, Macbrigde, Moscati, etc. , paroît une vérité démontrée par les expériences de MM. Deyeux et Parmentier.

Ne voulant point émettre ici d'opinion sur un état morbifique , (la diathèse inflam- matoire) dont les causes prochaines et éloi- gnées sont aussi peu connues que le diagnos- tique en est difficile; je dirai seulement que lorsqu'il n'y a point d'inflammation locale , des nourritures douces , des boissons dé- layantes , des bains , peuvent toujours et sans danger , remédier à *l'augmentation de ton et de contractilité des vaisseaux* ; qu'il est au moins douteux que la saignée puisse remédier *à la fonte , à la liquéfac- tion de la partie fibreuse et de la matière albumineuse* : qu'enfin , lors même qu'elle devroit être opposée à l'altération de ces substances, il seroit imprudent de la pratiquer, pour savoir si l'affection que l'on veut combattre, existe réellement.

On ne peut trop rappeler combien sont funestes les erreurs dans lesquelles nous entraîne la considération exclusive de quelques symptômes dans les maladies ; combien on doit craindre l'application des remèdes très-actifs à leur traitement, lorsqu'elles sont peu connues. Sydenham observant la croûte dont je viens de parler, crut reconnoître la diathèse inflammatoire même dans les maladies où le principe de notre existence est profondément affoibli (1) ; et ce ne fut qu'après avoir fait souvent usage de la saignée pendant l'épidémie pestilentielle qui désola Londres en 1665, qu'il préféra à cette évacuation l'usage des excitans et des toniques.

Je dois aussi faire remarquer que les Médecins, dont la pratique a été éclairée par

------

(1) Propè est ut credam, pestem peculiarem ac sui generis febrim esse, quæ à particularum sanguinis spirituosiorum *inflammatione*, originem ducit. SYD. *Op.* *pag.* 134.

(16)

une longue expérience et une étude approfondie des lois de notre organisation, ont rarement répandu le sang de leurs malades.

A peine Hippocrate parle-t-il de la saignée dans les quatre premières sections des aphorismes, dans le livre des prognostiques, dans le traité de l'air, des eaux et des lieux, dans le premier et le troisième livre des épidémies, qui sont les seuls traités généralement reconnus pour être de lui ; et cette évacuation est indiquée avec reserve dans ceux des traités mis sous son nom, que l'on suppose écrits par ses disciples. » Dans les » maladies aiguës, vous tirerez du sang, si » la maladie est violente, si le malade est » dans la force de l'âge et d'une constitution » vigoureuse « (1).

L'auteur des prénotions de Cos savoit combien est trompeur le soulagement que la saignée procure. » Lorsque la fièvre, dit-» il, est accompagnée de frissons et d'assou-» pissement, la saignée est nuisible ; car au » moment où les malades se croient mieux,

____

(1) In morbis acutis sanguinem detrahes, si vehemens fuerit morbus et qui ægrotant ætate florenti fuerint et virium robore valuerint. *De victûs ratione in morbis acutis.*

» ils

» ils périssent « (1). Cependant, les hommes auxquels Hippocrate et les autres Médecins Grecs donnoient leurs soins, en général plus fortement constitués que nous, faisoient, sous un ciel bien plus brûlant, bien plus inflammatoire que le nôtre, un usage plus fréquent de substances aromatiques et de vins très-spiritueux.

Erasistrate, qui, dans plusieurs circonstances, a donné des preuves si éclatantes de la bonté de son jugement, vouloit que l'on interdît l'usage de la saignée, des vomitifs et autres remèdes violens.

Galien, quoiqu'entraîné par une fausse théorie, à la pratique de la saignée, avoue les funestes effets de cette évacuation. » Ce » remède, dit-il, est un de ceux qui ôtent » la vie, si l'on n'en use pas dans le temps » et à la dose convenables. J'ai vu deux ma-» lades qui, saignés jusqu'à défaillance, » ont péri entre les mains des Médecins. » J'en ai vu, ajoute-t-il, un grand nombre » qui ne seroient pas morts, si la saignée

---

(1) Quibus perfrigeratio est cum torpore, non sinè febre, sanguinem detraxisse nocet ; nam cùm sibi miliuè esse putant, intereunt. *Coacæ, prænot. Tit.* 27.

» n'avoit entièrement détruit leurs forces.
» Plusieurs, après cette évacuation, ont
» succombé à des maladies longues, telles
» que l'hydropisie, l'orthopnée, l'affoiblis-
» sement du foie et du ventricule, l'apo-
» plexie et le délire (1).

Examinons maintenant les effets que l'on doit attendre de la saignée, lorsqu'on l'oppose à des inflammations locales.

Si, comme on l'observe souvent, lorsque la maladie est due à une violence extérieure, les vaisseaux absorbans peuvent exercer leurs fonctions, la saignée favorise la résorption des fluides épanchés : elle rend aussi plus prompt le dégorgement des vaisseaux qui conservent encore une énergie suffisante pour réagir sur les fluides ; mais, si l'on considère les effets ultérieurs de cette évacuation, l'on reconnoîtra que, même dans ces circonstances qui lui sont les plus favorables, il faut répandre peu de sang.

Les congestions qui se manifestent spontanément, sont l'effet d'une disposition par-

____

(1) *Méthod. méd. Lib.* 9, *cap.* 10.

ticulière des solides , ordinairement de la
foiblesse relative des vaisseaux , que disten-
dent et irritent des fluides plus ou moins
épaissis , plus ou moins altérés. Si alors la
maladie est grave ; si déjà les pores très-
relâchés ont permis une exhalation considérable (1) ; la saignée s'oppose à la résolution , détermine la suppuration , en dé-
truisant le peu de forces que conserve le
système vasculaire.

Lors même qu'une affection inflammatoire , n'étant pas très-grave , peut céder à
la saignée , on ne doit prescrire qu'avec prudence ce remède qui , quelquefois , provoque
la résolution , avant que la nature ait terminé le travail qui doit rendre la cause morbifique propre à être évacuée ou assimilée
à nos autres humeurs.

Dans le mois de Décembre 1810 , M. P...

---

(1). En 1799 , dans une dissertation présentée à
l'Ecole de Médecine de Paris , j'ai prouvé que la plupart des épanchemens et des hémorrhagies spontanées ,
sont l'effet de la transsudation au travers des vaisseaux,
et non de leur rupture. Plusieurs Médecins , depuis cette
époque , ont reproduit , comme nouvelle , cette observation , qui aura un jour une grande influence sur la
pratique des sciences médicales.

Marchand , à Dinan , ayant eu froid dans un bateau , en revenant de Saint-Malo , éprouva des douleurs catarrhales avec gonflement aux principales articulations des extrémités. On lui mit, en peu de jours , 43 sangsues , et il prit des boissons émétisées. Bientôt tout le corps de cet homme, d'ailleurs bien constitué , se tuméfia ; son ventre se balonna , et , lorsque je fus consulté , l'oppression étoit telle , que depuis deux jours , il ne pouvoit rester au lit. L'irrégularité du pouls , les vomissemens , les douleurs de poitrine , les suffocations qu'il éprouvoit , faisoient à chaque instant craindre qu'il n'expirât.

Des boissons apéritives légèrement sudorifiques , des calmans , une douce chaleur , des frictions et autres stimulans propres à rappeler au dehors l'humeur dont la rétrocession avoit déterminé les accidens qu'il éprouvoit , l'ont conservé à la vie.

Lorsque la coction , c'est-à-dire , l'élaboration qui doit précéder l'heureuse solution des maladies , se fait selon le vœu de la nature , les vaisseaux , convenablement stimulés , acquièrent l'énergie dont ils manquoient ; la partie irritée devient le *quò na-*

cura vergit, le centre principal de l'action vitale, qui triomphe presque toujours, dans les maladies aiguës, si loin de l'affoiblir, on seconde ses efforts; si l'on prévient les accidens qui résulteroient d'une irritation trop vive, en rétablissant les évacuations habituelles, en donnant aux humeurs une direction opposée à celle qu'elles ont prise accidentellement, et qui est d'autant plus dangereuse que l'organe affecté est plus foible et plus essentiel à notre existence.

Lorsque tout concourt pour remplir ces indications, pour affoiblir l'action du stimulant morbifique; le sang qui afflue vers la partie malade, au moyen des vaisseaux collatéraux et de leurs anastomoses, trouve un passage facile, tandis que celui qui forme congestion, éprouve l'élaboration nécessaire au rétablissement de la santé.

Les saignées sont nuisibles après la coction, et l'on sait combien il est difficile de reconnoître, avant les crises, ce travail de la nature, qui commence, pour ainsi dire, avec les maladies. On ne doit donc pas être surpris que des plus célèbres Médecins de l'antiquité, et plus récemment Lommius, Hoffman, Boerhaave même, aient cru

devoir interdire toute évacuation de sang,
après le quatrième jour des maladies inflammatoires. Leur effet, dans aucune circonstance, ne doit être comparé à celui des hémorrhagies spontanées. Celles-ci dégorgent
spécialement les vaisseaux surchargés, tandis
que les évacuations artificielles n'ont qu'une
action indirecte sur ces vaisseaux, dans lesquels la circulation ne se fait plus, ou est à
peine sensible, lorsque la maladie est grave
et dangereuse.

Quoique les limites que je me suis tracées
ne me permettent pas de traiter ici de toutes
les différences qui résultent de la dimension
du vaisseau que l'on ouvre, de sa nature
artérielle ou veineuse, et surtout de la manière dont on l'ouvre ; je crois devoir faire
remarquer que ces différences importent
beaucoup au succès du traitement des maladies. Les sangsues, par exemple, procurent un écoulement un peu plus séreux
que la saignée ordinaire. Elles opèrent un
dégorgement local plus prompt ; mais la
succion qu'elles exercent, détermine vers
la partie sur laquelle on les applique, une
plus grande affluence d'humeurs. La difficulté que l'on éprouve à arrêter le sang,

quoique les vaisseaux qu'elles ouvrent soient à peine perceptibles ; l'épanchement qui se forme dans le tissu cellulaire ; les dépôts que, quelquefois elles déterminent, enfin le retour des évacuations menstruelles et hémorrhoïdales qu'elles provoquent, prouvent assez cette dérivation.

J'ai vu deux fois de profondes et larges escarres gangréneuses se former aux parotides, après l'application des sangsues sur cette partie enflammée. J'ai vu des hémorrhagies vésicales et intestinales sensiblement provoquées ou augmentées par leur application au siège ou au périnée ; et plusieurs fois des dépôts formés dans ces parties, ne m'ont pas paru avoir d'autres causes.

Des accidens analogues à ceux dont je viens de parler, s'observent surtout lorsque le système vasculaire conserve peu d'énergie ; lorsque les malades, après l'application de ces insectes, ont l'imprudence de s'exposer au froid ; enfin lorsqu'on arrête le sang, après l'avoir attiré vers la partie affectée par la chaleur ou par des applications relâchantes. Au reste, ces effets révulsifs ou dérivatifs, qu'un Médecin peut modifier et diriger, sont très-utiles dans quelques circonstances : en sorte que les sangsues doivent souvent être préférées aux saignées ordinaires; et elles justifieront d'autant mieux cette préférence , qne l'on étudiera avec plus de soin la doctrine des fluxions , sur laquelle les Bordeu , les Barthez ont publié de savantes et utiles recherches.

Les ventouses scarifiées peuvent aussi , en stimulant la partie sur laquelle on les applique , ranimer l'action vitale et déterminer à l'extérieur une irritation toujours salutaire , lorsqu'il convient de faire disparoître promptement des congestions fixées sur des organes essentiels.

L'on concevra aisément les faits que je viens d'exposer , et l'on pourra en tirer d'utiles conséquences, si l'on se rappelle cet ancien adage , *ubi dolor* , *ibi fluxus ;* si l'on se rappelle que les inflammations ne dépendent ordinairement ni de la quantité absolue du sang , ni de sa vitesse plus ou moins accélérée ; mais qu'elles sont l'effet d'une irritation morbifique , dont les causes internes trop peu connues , l'étoient moins encore avant que M. Vicq-d'Azir publiât les recherches qu'il a faites sur cette partie importante de la Médecine.

Ce savant physiologiste pense , avec Van-Helmont , » que les nerfs blessés par des » molécules délétères , transmettent cette » première impression au *sensorium com-* » *mune* , dont la réaction produit un mou- » vement nerveux interne , par lequel le » cœur est irrité , ainsi que les vaisseaux.... » Ces molécules déposées deviennent comme » autant d'aiguillons , *veluti spinæ* « (1).

En exposant quelques faits relatifs à l'organisme de nos fonctions , en recherchant les indications que la saignée peut remplir , je crois avoir suffisamment prouvé qu'elle ne doit point être opposée aux altérations humorales ; qu'elle dispose à la pléthore ; que nous n'avons jusqu'ici aucune idée exacte sur la diathèse inflammatoire , et que , même dans les inflammations locales , ce n'est qu'avec prudence que l'on doit y recourir. Je vais parler des évacuans du canal alimentaire.

Les substances rejetées après avoir séjourné dans les premières voies , sont fétides ,

____

(1) Encyclop. méthod. art. Aiguillon.

dégoûtantes, et leur éjection spontanée est souvent utile. On ne doit donc pas être surpris que des observateurs peu attentifs ou étrangers à la connoissance de l'action de nos organes, aient considéré ces substances comme les causes les plus ordinaires des maladies, et que les remèdes qui en provoquent l'évacuation, aient dans tous les temps, inspiré aux malades la plus entière confiance.

Mais les efforts spontanés de la nature, lorsqu'il y a turgescence, ne doivent point être comparés à l'action des purgatifs et des vomitifs. L'étude des lois de notre organisation et l'expérience nous apprennent qu'une grande foiblesse succède à l'usage de ces remèdes ; qu'ils disposent ainsi à de nouvelles congestions, et qu'ils ne peuvent agir comme stimulans, sans déterminer vers les organes intérieurs une irritation, une révulsion presque toujours nuisible.

Nous les considérerons sous ces rapports, c'est-à-dire, comme stimulans et révulsifs, après avoir parlé de la bile, dont les effets ne sont pas assez généralement connus, et dont la nature semble indiquer l'importance, en employant pour sa préparation un appareil aussi vaste que compliqué.

» La bile est un suc infiniment propre à
» aider la digestion, en rendant les subs-
» tances grasses miscibles à l'eau, et en four-
» nissant au chime un commencement d'a-
» nimalité ; elle stimule les intestins, sou-
» tient et prolonge leur mouvement péris-
» taltique, détermine une sécrétion plus
» abondante du mucus intestinal, et fait
» couler les excrémens auxquels elle donne
» de l'odeur, et avec lesquels sa matière
» colorante se précipite. Aussi, toutes les
» fois que son écoulement dans le duodenum
» se supprime, il y a inappétence, vice
» dans les digestions, retard et décoloration
» de l'excrétion alvine « (1).

» On emploie l'extrait de fiel de bœuf et
» de plusieurs autres animaux comme un
» très-bon médicament stomachique. Il sup-
» plée au défaut et à l'inertie de la bile ; il
» donne du ton à l'estomac, et rétablit les
» fonctions de ce viscère affoibli « (2).

» Le sang veineux qui entre dans le foie
» est très-abondant ; presque tout celui qui
» a circulé dans les parois des intestins, et

---

(1) Physiol. posit., par M. Fodéré, *T. 2, pag.* 246.
(2) Elémens d'Histoire naturelle et de Chimie, par
M. De Fourcroy, *T. 4, page* 352.

» dans le pancréas , y est conduit par le
» tronc connu sous le nom de *veine-porte*,
» lequel fait l'office d'un cœur par rapport
» au foie , et le foie ne rend qu'une quantité
» bien moindre de sang à la circulation gé-
» nérale ; preuve de la quantité de ce fluide
» qui est employé à former la bile (1) «.

» J'ai vu , dit M. Haller , un homme qui,
» indépendamment de la bile hépatique
» transmise dans le duodenum , en rendoit
» quatre onces en 24 heures par une plaie
» à la vésicule du fiel «.

Quoique , dans les observations analogues
à cette dernière , l'état inflammatoire , l'é-
rétisme des vaisseaux puissent s'opposer à la
sécrétion de la bile , on voit qu'elle est tellement abondante , que son évacuation pro-
curée par des purgatifs , et surtout par des
vomitifs (2) , ne pourroit que foiblement

---

(1) Leçons d'Anatomie comparée , par M. Cuvier ,
T. 4 , *page* 3.

(2) La bile **ne** pénètre qu'accidentellement et en
petite quantité dans l'estomac. Quelques grammes de
cette substance suffisent pour colorer les déjections et
leur donner de l'amertume.

M. Renauldin dit que l'on a estimé dans l'homme,
la quantité de bile qui se forme en 24 heures , à une
liv. et jusqu'à 1 liv. et demie.

*Dict*re. *des sciences méd*les. , *art.* Bile.

concourir au rétablissement de la santé, lors même qu'il seroit aussi bien démontré que cette humeur est la cause la plus fréquente des maladies, qu'il me paroît l'être que les altérations qu'elle éprouve quelquefois dans sa quantité et dans sa qualité, sont dues à un nouveau mode de sécrétion, qui dépend de l'état des solides et de la qualité du sang.

Une transpiration supprimée, une mauvaise digestion, un froid subit ou prolongé, une chaleur excessive, une chute, un coup à la tête, déterminent ordinairement les symptômes que, dans la plupart des maladies, nous appelons bilieux ou embarras gastriques. Quelquefois une vive affection de l'ame, les fait paroître ou disparoître si promptement, que l'on ne peut supposer un changement notable dans la quantité de bile qui, pour l'ordinaire, au commencement des maladies, n'est pas sensiblement altérée.

La plénitude ou le spasme que ces symptômes annoncent, cède en quelques jours, souvent en quelques heures, au plus simple traitement méthodique, même après les évacuans. Mais, lorsque la tension, la constriction des vaisseaux capillaires, l'inertie des divers systêmes, enfin une lésion profonde de quelques organes essentiels , annoncent une affection grave ; l'élaboration qui doit rendre la cause morbifique propre à être évacuée , se fait avec difficulté, et alors l'expansion des forces vitales qui toujours est nécessaire pour opérer une solution complette des maladies , ne peut être utile , si elle n'est lente et graduée.

Les sueurs que les émétiques provoquent, ne doivent donc point être considérées comme des crises salutaires. Toutes les sécrétions cutanées sont bientôt suspendues après l'action de ces remèdes (1) , et les mouvemens convulsifs de l'estomac qu'ils déterminent , en réagissant sur d'autres viscères, rendent souvent funestes des maladies qui , par un traitement méthodique , pouvoient se terminer heureusement : je vais en citer quelques exemples.

Les apoplexies légères , qui sont les seules dont les vomitifs puissent accélérer la guérison , cèdent plus sûrement et presque toujours aux laxatifs , aux lavemens purgatifs , aux stimulans extérieurs , aux toniques ,

______

(1) In fluxu et vomitu prohibetur perspiratio , quia divertitur. *Sanctorius* , *Aph.* 54, *Sect* .1.

quelquefois à la saignée. J'ai vu ces derniers remèdes guérir des apoplexies graves , tandis que les émétiques les rendent mortelles ou déterminent une paralysie incurable.

Le Docteur Portal a prouvé combien ils sont dangereux dans ces affections cérébrales , et on le conçoit sans peine , puisqu'une nouvelle quantité de sang , quoique poussée avec force , loin d'activer la circulation dans le cerveau , lorsque l'inertie et l'engorgement de ce viscère sont considérables , ne peut qu'augmenter la congestion et forcer les vaisseaux distendus à s'ouvrir , à permettre un épanchement presque toujours funeste.

Lorsque le cœur est altéré dans sa substance ou très-affoibli , le sang parcourt difficilement ce viscère , et en le distendant , excite aux moindres efforts , des palpitations , des mouvemens convulsifs , même la rupture de quelques - unes des fibres qui le composent. Ces lésions organiques des plus fréquentes , des plus difficiles à connoître , et auxquelles , trop souvent , on a opposé des vomitifs , étoient bien dignes de fixer l'attention de l'illustre et savant Professeur , M. Corvisart , qui , en apprenant à les distinguer des autres affections de la poitrine , en laissant loin de lui ses prédécesseurs , s'est assuré la reconnoissance et l'admiration de ses contemporains.

Les péripneumonies , les pleurésies sympathiques, dites bilieuses, comme M. Richerand l'a remarqué , ne dépendent ni d'un transport de la bile sur le poumon et la plevre , ni de l'inflammation de ces organes. Lorsqu'elles n'ont pour cause qu'un embarras gastrique , elles cèdent promptement et toujours à des applications chaudes sur la partie douloureuse , à des boissons délayantes ou toniques , au repos et à la diète. Ces affections , depuis quelques années , ont été souvent combattues par des émétiques. A cet usage , que Stoll a su faire généralement adopter , je n'opposerai que le nécrologe de l'hospice confié à ses soins. Les recherches qu'il a publiées prouvent que plus d'un tiers des malades qui y sont morts , ont succombé à des fièvres malignes (1).

____

(1) Ratio media mortuorum , per 12 annos ex febre maligna ad omnes universim per idem tempus in nosocomio mortuos proximè ut — 1. 2 $\frac{12}{20}$.

Ratio medendi , *T.* 1 , *page* 188.

Si

Si les vomitifs donnés à dose suffisante
pour faire vomir, sont dangereux, si presque
toujours ils sont nuisibles au commencement
des maladies, ou lorsque des organes essentiels sont profondément affectés ; l'abus que
l'on fait de ces remèdes, en les donnant en
lavage, à petites doses souvent répétées,
n'est pas moins funeste. Cette dernière assertion, que j'ai vue souvent confirmée au
lit des malades, est prouvée par les observations et les réflexions d'un des meilleurs
Praticiens de Paris, M. Desessartz.

Des faits nombreux qu'il cite, un a spécialement fixé mon attention. Onze enfans
attaqués à la fois d'une fièvre continue,
dite bilieuse, se trouvoient dans la même
infirmerie. Dix confiés à ses soins et traités
par les humectans et les délayans, se rétablirent en 8 jours, excepté un, dont la
fièvre se prolongea jusqu'au 14e.

Quoique dans le même local, le 11e. de
ces enfans fut traité par le Médecin qui avoit
la confiance de sa famille. Il prit le tartre
stibié en lavage, pendant plusieurs semaines,
à la dose d'environ un grain par jour, et
expira le 61me. de sa maladie. » La nature,
» dit M. Desessartz, essaya à plusieurs

» reprises , l'expulsion de la matière morbi-
» fique ; toujours elle fut contrariée , tou-
» jours ses efforts furent impuissans. Il
» survint des saignemens de nez , de la sur-
» dité , des clous , un dépôt à la partie su-
» périeure de l'os sacrum , etc. « (1).

Dans les circonstances dont je viens de parler , les organes digestifs ne sont point le siège de l'affection primitive ; et cette af-fection , élément des maladies , doit être l'objet spécial de nos recherches ; mais alors même qu'elle ne peut être reconnue , en usant avec prudence des ressources que nous offrent l'hygiène et la diététique , on seconde les mouvemens salutaires de la nature ; et les soins donnés aux malades ne sont jamais infructueux lorsqu'on se rappelle cette pensée d'un grand Médecin : *Magni momenti est non nocere* ; lorsqu'on n'oppose pas des remèdes très-actifs à des symptômes dont la cause prochaine est inconnue, et qui, comme la plupart de ceux que l'on appelle bilieux , peuvent être l'effet de lésions organiques ou d'altérations humorales aussi nombreuses que

---

(1) Mémoire sur l'abus de l'administration du tartrite de potasse antimonié (tartre stibié) , par fractions de grains.

remarquables par la différence des traitemens qu'elles rendent nécessaires.

Voyons actuellement quelle peut être l'influence des remèdes qui provoquent l'évacuation de la bile, lorsque cette humeur est trop abondante ou altérée.

La nutrition est en raison inverse de l'activité du système biliaire, lorsqu'il prédomine, et les forces des malades diminuent, quoiqu'ils prennent une grande quantité de nourritures. Cette observation a été faite par Hippocrate, Aristote; et de nos jours, on a reconnu que la formation de la bile enlève au sang une grande quantité d'hydrogène, principe essentiel à la nutrition, spécialement à la formation de la graisse.

» Le corps le plus gras, dit l'auteur de la
» Physiologie positive, se fond avec une
» rapidité étonnante dans le cholera morbus,
» dans les diarrhées essentiellement bilieu-
» ses. Le méléna est une maladie dans
» laquelle la bile abondante, visqueuse,
» noirâtre, exhale une odeur fade, nauséa-
» bonde, cadavéreuse. J'ai vu, ajoûte-t-il,
» cette maladie et j'ai appris par mon expé-
» rience qu'il faut bien se garder de trop
» remuer de semblables matières «.

» L'activité des organes bilieux augmente

» d'autant plus , que les viscères épigastiques
» sont stimulés par des purgatifs réitérés ,
» méthode meurtrière que les amphibies de
» l'art , singes des mauvais Médecins , pra-
» tiquent journellement » (1).

Les affections tristes long-temps prolon-
gées , l'usage de mauvaises nourritures , le
séjour dans les pays chauds , sont les causes
ordinaires des maladies dans lesquelles la
bile est trop abondante ou altérée. Que devons-nous alors attendre des remèdes qui
ne peuvent procurer la sortie de cette humeur
sans augmenter sa sécrétion , sans augmenter la tendance vicieuse des fluides vers la
région épigastrique , dont le système vasculaire est déjà foible et distendu ? Une fin
quelquefois prochaine et toujours malheu-
reuse.

Cependant , alors même où la mort va
terminer ses douleurs , le malade semble se
ranimer et sourit encore lorsqu'il voit couler
l'humeur qu'il accuse, et dont il se flatte de
tarir la source , en ne cessant de provoquer
de nouvelles et abondantes évacuations !
Séduit par un calme trompeur , souvent il
refuse d'autres soins qui , en diminuant

______

(1) Essai de Physiologie positive , *T.* 2.

l'irritation du canal alimentaire, en s'opposant à de nouvelles congestions, eussent pu le rappeler à la vie.

Le B..., Marin, âgé de 25 ans, après un voyage dans les pays chauds, rendit, par le vomissement et surtout par les selles, des matières noirâtres, colantes, fétides et très-abondantes, dont on provoqua plusieurs fois la sortie, pendant un an qu'il passa dans les hôpitaux.

Lorsqu'il rentra dans sa famille, il y a 12 ans, la tuméfaction du ventre ; l'infiltration des extrémités inférieures ; la teinte jaune et livide de la peau, sa sécheresse, sa dureté ; la foiblesse, l'irrégularité, l'agitation du pouls, sembloient annoncer une fin prochaine.

Les coliques que ce malade, extrêmement maigre, éprouvoit habituellement, étoient quelquefois très-violentes, surtout avant et pendant les évacuations atrabilieuses qui, ordinairement, se manifestoient plusieurs fois par semaine : une toux sèche et fréquente le fatiguoit depuis plusieurs mois.

Enlevez-moi, me disoit ce malheureux jeune homme, enlevez-moi la bile qui m'oppresse : je la rends pure ; elle m'étouffe.

Je me gardai bien de céder à ses instances. Des nourritures légères et apéritives, des calmans, des amers, des boissons chicoracées, des frictions, un vésicatoire, procurèrent bientôt un mieux sensible et inespéré. Le malade a acquis de l'embonpoint, s'est marié, et se livre actuellement aux travaux de l'agriculture.

La bile filtrée dans le foie, ne peut quelquefois pénétrer dans les intestins; la maladie qui en résulte, la jaunisse, se guérit presque toujours et promptement par l'usage des antispasmodiques, des apéritifs, et plus souvent encore, par les toniques, les exercices, les frictions, les cataplasmes de ciguë et autres calmans résolutifs, appliqués sur la région du foie; mais il est rare que cette affection cède aux évacuans : elle succède, au contraire, souvent à leur action.

Mme. P...., âgée de 68 ans, bien constituée, éprouva, le 25 Avril 1811, des frissons, des nausées très-fatigantes, avec oppression : elle vomit un peu de sang et une partie des alimens qu'elle avoit pris. Dans la nuit elle perdit connoissance : thé pour boisson.

Le 26, même état, aux vomissemens près;

diarrhée : lavement , thé ; le soir , vésicatoires aux jambes.

Les 27 , 28 , 29, la connoissance revint ;
selles fréquentes et fétides : usage de tisane
et de sirop d'écorces d'orange. La physio-
nomie étant meilleure , le dégoût moindre ,
les forces , dont la prostration s'étoit opposée à l'administration d'un vomitif, s'étant
ranimées , la malade prit l'émétique , le 30,
au matin. Elle vomit deux fois de la bile
très-colorée et épaisse : elle en rendit abondamment par les selles ; mais bientôt sa fi-
gure s'altéra , devint jaune, ainsi que tout
le corps.

Lorsque , le 31 , je fus consulté pour la
première fois , la teinte jaune , surtout celle
des yeux , n'étoit pas moins foncée qu'elle
ne l'est dans la jaunisse la plus complette.
La respiration , très-difficile , se faisoit avec
bruit (râle) ; crachats sanguinolens ; pouls
intermittent , très-irrégulier ; urines jaunes ;
sécheresse de la peau ; léger délire ; des escarres gangreneuses couvroient les vésica-
catoires ; une excoriation de couleur livide
s'observoit sur le sacrum : Application suc-
cessive de plusieurs emplâtres épispastiques
aux cuisses , de sinapismes aux pieds ; usage

de camphre et de quinquina. Le douzième jour, la teinte jaune avoit, en grande partie, disparu, et Mme. P...., dont l'état étoit déjà beaucoup moins inquiétant, s'est rétablie.

Si, maintenant, nous considérons les évacuans du canal alimentaire comme révulsifs, nous verrons qu'ils peuvent faire disparoître des affections humorales fixées loin des organes qu'ils stimulent ; mais ils n'ont alors qu'une action indirecte sur la cause morbifique : ils ne peuvent qu'en accélérer la résorption; c'est-à-dire, faire rentrer dans le sang des matières plus ou moins crues, qui l'altèrent ou se fixent sur d'autres parties ordinairement plus importantes que celles primitivement affectées.

M. C... éprouvoit depuis quelques jours des malaises, quelques frissons, des douleurs vagues avec toux et une légère émotion fébrile.

Le 13 Mai, la fièvre fut plus violente ; il lui parut une érysipèle à la tête : le front, les yeux et le nez étoient spécialement affectés.

Le 15, pendant mon absence et contre

mon avis (1) , il prit un vomitif qui produisit les évacuations que l'on désiroit. Je le vis le soir ; il étoit calme , très-satisfait de son traitement , et vouloit prendre une médecine le lendemain. La nuit suivante , agitation , douleur vive à la tête , somnolence: ces accidens , la disparition presqu'entière de l'érysipèle , me donnèrent de l'inquiétude (2). Pour faire renoncer au purgatif , il me fallut permettre l'usage d'une infusion de plantes chicoracées , à laquelle on ajouta un gros de sel d'epsom par pintes.

Le malade eut quelques évacuations alvines , et , dès l'après-midi , la fièvre et l'assoupissement augmentèrent. Je fis discontinuer le sel. Pendant la nuit , M. C.... souvent assoupi , eut du délire ; sa langue très pâteuse se desséchoit: une tisanne amère sudorifique , des vésicatoires , de la moutarde aux pieds , s'opposèrent à la congestion qui se formoit au cerveau. L'érysipèle repa-

----

(1) Si quis ea faciat , quorum sit insolens , ut si appellat animum ad insueta aut contrà , gravissimum habet malum , ac tum delirium adest. *Coacæ prænot. Tit.* 1.

(2) Erysipelas foràs effusum intrò verti , minimè bonum , at ab interioribus foràs , bonum. *Hipp. Aph.* 25, *Sect.* 6.

rut, mais partiellement, en sorte que la guérison ne fut complette qu'après un mois.

Des déplacemens d'humeurs ont été souvent observés. M. De Bordeu pense qu'ils se font par le tissu cellulaire. » Cet organe, » dit-il, peut être comparé à une sorte d'at- » mosphère dans laquelle les humeurs ont » ordinairement un cours libre et aisé «. Mais le siège des congestions qui se succèdent, est quelquefois tellement éloigné, et le tissu cellulaire, dans quelques parties, est tellement serré, que cette voie de communication paroît impossible. Les fluides altérés sont alors reportés dans la circulation par les vaisseaux absorbans et ensuite déposés dans les parties dont l'irritation ou la foiblesse ont changé le mode de sécrétion.

- L'apparition presque subite d'exanthêmes purulens qui, pour l'ordinaire, font disparoître les accidens fébriles, semble prouver que le pus lui-même circule quelquefois avec le sang. Plusieurs physiologistes assurent y en avoir trouvé, et pensent que non-seulement il peut y être porté par les vaisseaux absorbans, mais qu'il peut s'y former.

L'ouverture des cadavres a souvent fait voir à Dehaën et à d'autres observateurs, les poumons et les autres viscères sans phlogose, sans suppuration, quoique le sujet eût expectoré une grande quantité de pus , et qu'il eût présenté tous les symptômes de la phthisie.

La femme B.... de S.-Carné , ayant un dépôt considérable au genou , éprouvoit une légère irritation à la poitrine. Dans la nuit du 12 Janvier 1811 , elle se découvrit et eut froid. En 12 heures , la tumeur disparut presqu'entièrement ; une oppression considérable , des crachats purulens , des sueurs froides , une douleur vive et suffoquante dans la région sternale , la foiblesse , l'irrégularité du pouls , faisoient craindre une mort prochaine.

L'ouverture du dépôt donna à peine un demi-verre de pus , quoique le foyer purulent occupât les parties antérieure et latérales de l'articulation. Je fis introduire dans la plaie de la charpie couverte de pommade épispastique , et appliquer à sa circonférence un large vésicatoire. Ces moyens aidés par l'usage intérieur de calmans , de toniques , firent en peu disparoître les accidens dont j'ai parlé. Un mois suffit à la guérison de la malade.

D.... âgé de 68 ans , Porteur , éprouva le 28 Décembre 1811 , des frissons avec toux et douleur au côté gauche. Ces accidens persistèrent, sans que le malade cessât de se livrer à ses travaux.

Le 1er. Janvier , application de 8 sangsues au siège ; le lendemain , cet homme prit un vomitif, et le jour suivant un purgatif. Tous ces remèdes procurèrent d'abondantes évacuations. Bientôt les douleurs devinrent plus violentes, la toux plus fréquente; perte d'appétit, frissons habituels : tisane de bourrache et de camomille miellée , looch.

Le 13 , un purgatif détermina d'abondantes évacuations alvines et quelques vomissemens , dans lesquels on reconnut des matières purulentes.

Le 18 , application de sangsues sur le point douloureux : on ajouta à la tisane une cuillerée de vinaigre par pinte ; une potion prise par cuillerées , détermina, pendant trois jours, des nausées et quelques vomissemens.

Le 21 , toux presque continuelle , expectoration presque nulle , pouls très-fréquent, serré ; assoupissement , délire , sécheresse de la peau , langue noire et desséchée. Je fus consulté.

Une péripneumonié aussi irrégulièrement traitée et terminée depuis plusieurs jours par suppuration, avec une fièvre adynamique, me parut au-dessus des ressources de la nature et de l'art; mais je crus devoir suivre avec soin ce malade, parce que déjà on observoit dans ses urines un dépôt purulent, qui bientôt fut assez abondant pour former le cinquième des urines qu'il rendoit. Ce pus étoit d'un blanc gris et presqu'entièrement gélatineux à sa surface.

Une mauvaise digestion, quoique l'irritation qu'elle produit soit moins vive que celle qui accompagne l'action des vomitifs, suffit quelquefois pour déterminer la rétrocession des humeurs fixées loin du canal alimentaire. M. Richerand fait à cet égard des réflexions très-judicieuses et fondées sur l'observation. Il dit, en parlant des ulcères :
» L'estomac surchargé d'alimens est trans-
» formé en un centre de fluxion vers lequel
» les sucs et les humeurs se dirigent, l'irri-
» tation qui s'y établit devient supérieure à
» celle qui existe dans la surface ulcérée ;
» celle-ci cesse de se couvrir de pus, les
» bourgeons charnus s'affaissent, une op-
» pression extrême se manifeste, à la diffi-

» culté de respirer , se joint une douleur
» de côté pungitive , la douleur , sympa-
» thiquement ressentie dans le poumon ,
» rend cet organe le siège d'une congestion
» inflammatoire et purulente ; le râle sur-
» vient , et les malades meurent suffoqués
» au bout de deux ou trois jours, quelquefois
» même après vingt-quatre heures » (1).

Ces faits , qui peuvent répandre quelque lumière sur la théorie des résorptions , prouvent combien cette théorie importe à la pratique de la Médecine, combien il importe de ne prescrire qu'avec prudence l'usage intérieur des révulsifs.

Des accidens analogues à ceux dont je viens de parler, succèdent souvent à l'action des vomitifs et des purgatifs , lorsqu'on les oppose à des douleurs rhumatismales , à la goutte , à des catarrhes , ou lorsqu'on les emploie au moment de la suppression des vésicatoires, des cautères ou autres exutoires destinés à porter à la peau des humeurs qui s'opposent à l'exercice de quelques fonctions essentielles. Je crois inutile d'en citer des exemples; mais je dois faire remarquer que, dans aucunes de ces circonstances , ils ne

----

(1) Elémens de Physiologie, *pag* 204.

peuvent être utiles comme évacuans , puisque la résorption des humeurs qu'ils dé-
placent , ne se fait sensiblement qu'après
plusieurs heures , c'est-à-dire , pendant la
constipation qui succède aux évacuations
qu'ils provoquent.

Enfin , il me paroît suffisamment prouvé
qu'en général on ne doit que rarement et
avec prudence les prescrire comme révulsifs;
et les seules circonstances , peut-être , dans
lesquelles ils soient utiles comme évacuans,
sont, ou lorsque des poisons , des alimens pris
avec excès surchargent et irritent le canal
alimentaire , ou lorsqu'après la coction ,
l'humeur morbifique devenue mobile s'est
déjà portée sur cet organe et s'y manifeste
par la turgescence (1).

Les moyens les plus doux sont alors suffisans et les seuls convenables. C'est ainsi
que pensoit Hippocrate (2) ; c'est ainsi que

---

(1) Coctà medicamento purgante educito ac moveto,
minimè cruda , neque per initia , nisi turgeant , multa
verò non turgent. *Hipp. Aph.* 22 , *Sect.* 1.

(2) Confertìm et repentè vacuare , vel implere , vel
calefacere, vel refrigerare , vel utcumquè aliter corpus
movere, periculosum : omne siquidem nimium naturæ
inimicum. Verùm quod paulatìm fit, securum est. *Hipp.*
Aph. 51 , *Sect.* 2.

pensoient les anciens législateurs de l'Egypte, lorsqu'ils interdirent l'usage des vomitifs , et que pensent encore aujourd'hui les Médecins qui n'ont point été séduits par de fausses théories, et dont tout le raisonnement ne se borne pas à dire : tel malade a pris un remède ; il a guéri : c'est le remède qui l'a guéri.

Un homme étant en sueur , tombe dans l'eau ; quoique malade , il ne discontinue pas ses exercices ordinaires; chaque jour son indisposition s'aggrave : enfin il éprouve une seconde fois l'accident qui a causé sa maladie ; son état devient inquiétant , il reste au lit , transpire , observe un régime conveble : quelques jours suffisent à sa guérison. Sa seconde chûte dans l'eau l'a-t-elle guéri? Non, sans doute , mais elle l'a obligé à suivre un traitement qui, après la première, l'eût rétabli plus promptement et plus sûrement.

Un homme , après des excès, des affections morales ou autres , éprouve les symptômes d'une congestion , d'une irritation morbifique , d'une pléthore générale ou particulière ; s'il fait usage de remèdes propres à rétablir les fonctions altérées ; s'il observe

une

une diète proportionnée à ses forces, pendant en 24 heures, par les évacuations naturelles, plusieurs livres de sa substance, en peu de jours la pléthore disparoît, la coction se fait, une crise salutaire, en dissipant la congestion, fait cesser les accidens qu'elle détermine : l'appétit revient. Mais si les efforts de la nature ne sont pas secondés; si, au contraire, vous faites vomir ce malade ; si vous le purgez, si vous le saignez; quelquefois une maladie mortelle se déclare, ou si dans des circonstances plus favorables, il se rétablit; ce n'est souvent qu'après avoir fait usage pendant plusieurs semaines, de remèdes toniques, calmans ou révulsifs.

D...., Cordonnier, d'un tempérament sain, mais affoibli par de mauvaises nourritures et par l'abus de boissons spiritueuses, après s'être livré à des excès, éprouva une douleur vive à la tête, et eut moins d'appétit. Le 21 Septembre 1811, 4me. jour de cette indisposition, il se fit appliquer 12 sangsues au siège. Le 5me., il prit un vomitif, et le jour suivant, il se purgea. Quoiqu'affoibli par la maladie et plus encore par le traitement, il travailloit l'après-midi : les jours suivans, douleur de tête plus violente, nausées, dévoiement.

4

Le 10me. , éruption de couleur pourpre , langue noire , peau sèche , ventre sensible et tendu , respiration très-courte , toux fréquente ; l'expectoration , qui étoit habituellement abondante , avoit cessé ; les plaies faites par les sangsues étoient marquées par des escarres gangréneuses. Je fus alors appelé auprès de ce père de famille , qui étoit dans la plus affreuse misère : Décoction de quinquina et de camomille ; sinapismes aux pieds , vésicatoires aux jambes.

Le 18me. , la respiration n'étoit qu'un sifflement léger et précipité , avec resserrement des ailes du nez , la déglutition se faisoit avec bruit ; hoquet , toux sèche , pouls vif et serré , exacerbations irrégulières , quelques sueurs froides et partielles ; assoupissement , délire et éjection par les selles , de plus d'une pinte de sang épais et noirâtre : Vésicatoires aux cuisses ; électuaire composé d'une once de quinquina , deux grains de camphre , douze grains de cannelle , un gros de diascordium ; infusion de camomille.

Le 19me. , le sang coula avec moins d'abondance , et bientôt ne put être distingué des matières fécales , qui , rendues fréquemment et involontairement , étoient noires , et

exhaloient une odeur d'une fétidité extrême:
Le traitement fut continué.

Le 32me. jour, le dévoiement cessa, les
urines déposèrent; peau moins sèche, langue
humide ; l'expectoration commença, et en
quelques jours, le mieux fut assez sensible
pour donner des espérances qui se sont réali-
sées. Ce malade se porte bien ; mais de
profondes escarres gangréneuses s'étant for-
mées sur l'os sacrum et derrière les grands
trochanters, sa convalescence a été longue.

Des fièvres, des flux dyssentériques et
autres affections catarrhales avec adynamie,
régnoient alors épidémiquement, surtout
dans les campagnes; et des pluies abondantes
succédoient à une chaleur, à une sécheresse à peu près égales à celles qui précé-
dèrent l'épidémie observée en l'an douze,
dans la plupart des communes de l'arrondissement de Dinan.

Cette constitution atmosphérique, mais
surtout les exercices pénibles auxquels je me
livrois, me firent éprouver quelques douleurs
catarrhales qui, pendant plusieurs semaines,
affectèrent successivement les reins et les articulations des extrémités.

Le 10 Novembre , j'eus des coliques , un tenesme fatiguant ; les matières que je rendis étoient sanguinolentes : les jours suivans, je n'évacuai qu'avec effort et douleur , des glaires intimement mêlées au sang qui les coloroit : eau de riz pour boisson ; application sur le ventre d'un large emplâtre de ciguë et de poix de Bourgogne.

Le 14 , ayant eu à parler à beaucoup de monde (c'étoit le jour du marché) je donnai peu de soin à ma maladie. Dans l'après-midi , des frissons , quelques nausées , des douleurs plus vives , des évacuations plus fréquentes que celles que j'avois éprouvées , m'obligèrent à me mettre au lit ; agitation et fièvre : dans un verre de ma tisane , je mis un demi-gros de diascordium et j'en pris une égale quantité dans un lavement.

Vers onze heures , même état ; peau sèche et brûlante : frictions humides : assoupissement. Je m'éveillai à minuit : douleur vive à la tête ; langue sèche , très-pâteuse : à deux heures , les douleurs se firent spécialement sentir aux poignets et aux genoux , siège ordinaire de celles que j'avois ressenties , quelques jours avant d'être malade ; langue plus humide , douleurs abdominales presque nulles : je commençai à éprouver à la peau des picotemens, présage de sueurs critiques qui ne tardèrent pas à paroître. La dernière des trois évacuations alvines que j'eus encore dans la nuit, n'étoit que glaireuse : je souffris peu, et je n'eus qu'une selle dans le jour.

Le soir, pour provoquer la sortie des matières stercorales, je bus quelques tasses d'une infusion laxative ; mais j'éprouvai bientôt des douleurs intestinales qui me firent y renoncer : une décoction de graines d'anis et d'angélique me soulagea. Je rendis encore dans la nuit et le matin, quelques selles qui n'étoient qu'un mucus puriforme : Lavement détersif avec le miel.

Le jour suivant, 8me. de ma maladie, j'évacuai pour la première fois, depuis six jours, des matières stercorales. N'éprouvant aucune douleur, l'appétit étant bon, je repris mes exercices ordinaires.

Les indications étoient faciles à saisir : il suffisoit de porter à la peau l'humeur catarrhale fixée sur les intestins, de faire cesser l'irritation par de légers calmans, de dissiper par la diète, l'embarras gastrique qui, pendant plusieurs jours, fut très - prononcé. Ma guérison eût été aussi prompte qu'elle a été complette, si d'autres malades, dans un état bien plus inquiétant, ne m'avoient obligé, pendant les premiers jours de ma maladie, à des exercices qui ne pouvoient que la rendre plus longue et plus dangereuse.

Les affections catarrhales peuvent déterminer des embarras gastriques ; mais ceux que les personnes habituées à recourir aux évacuans éprouvent à des époques plus ou moins rapprochées, ont ordinairement pour cause de mauvaises digestions. Les sucs gastriques sont alors sécrétés par des organes affoiblis ou devenus le siège d'une irritation morbide ; et les nourritures que nous prenons ne sont qu'en partie et lentement dissoutes. Elles fermentent ; des gaz, des acides, une bile mal élaborée, fatiguent et irritent le canal alimentaire. Après des évacuations spontanées, on a vu ces accidens disparoître ; on a vu quelques personnes, après des médecines dites de précaution, prendre des nourritures avec un plaisir qu'elles ne pouvoient plus goûter. Ajouterai-je que des Sibarites, comparant les organes de la digestion à un vase, ont cru pouvoir impunément doubler leurs jouissances en prenant, avant leur repas, un vomitif ou un purgatif ?

De telles observations étoient, sans doute, bien propres à faire naître l'idée de nettoyer l'estomac à des époques fréquentes et régulières; mais des faits nombreux, des souvenirs pénibles rappellent trop cet abus; les médecines dites de précaution ont produit des effets trop souvent funestes, pour que je me dispense de faire encore remarquer ici aux personnes qui pourroient être tentées d'en faire usage, à quels dangers elles s'exposent, et combien une pratique contraire est féconde en utiles résultats.

Je leur dirai donc : Vous perdez, en vous purgeant, des sucs nourriciers ; cette perte vous affoiblit plus que ne le feroient quelques jours d'une diète très-sévère ; à l'irritation des organes digestifs, succède une plus grande foiblesse ou une inflammation lente et toujours dangereuse ; la pratique de la Médecine et des expériences faites sur des animaux (1), prouvent que les évacuans altèrent nos humeurs : plus vous vous purgerez, plus vous croirez avoir besoin de le faire ; vous vous préparez de nouvelles inappétences, et, en imprimant à la transpiration un mouvement rétrograde,

____

(1) *Voyez les observations et expériences sur l'abus des purgatifs, par* **M. Rechou.**

vous vous disposez à absorber des miasmes délétères, à contracter des fièvres et autres maladies graves.

Enfin, je leur dirai : Lorsque vous observerez les symptômes qui, jusqu'ici, vous ont déterminés à recourir à ces remèdes, prenez des boissons délayantes, le premier des jours pendant lesquels vous êtes dans l'usage d'observer un régime propre à votre tempérament ; le lendemain, buvez quelques verres d'une infusion amère ; le troisième jour, ne mangez qu'à l'heure à laquelle vous aviez l'habitude de le faire lorsque vous vous purgiez : la digestion sera achevée, la bile et les sucs gastriques auront acquis les qualités nécessaires pour dissoudre et animaliser les nourritures que vous prendrez ; vous aurez de l'appétit, vous digérerez bien toutes les fois que les purgatifs eussent pu produire, même momentanément, ces effets salutaires ; et le plaisir que vous éprouverez, en mangeant avec modération des nourritures variées, de bon choix et convenablement préparées, sera bien plus pur, bien plus vrai que celui qu'un purgatif procure aux hommes qui ne recherchent leurs jouissances que dans les mets les plus artistement apprêtés.

Si vous suivez ces conseils, si vous vous rappelez souvent que l'abus des plaisirs conduit au dégoût, à la satiété ; qu'Epicure lui-même écrivoit à Ménécée : » L'habitude » de la frugalité nous donnera une santé » vigoureuse et de l'agilité pour toutes les » fonctions de la vie « ; vos facultés physiques et intellectuelles ne tarderont pas à acquérir une nouvelle énergie. Mais si à table vous oubliez, et les plaisirs dont vous vous privez, et les peines que vous vous préparez ; si en vain, avec Harvey, je vous rappelle qu'un flambeau que l'on ne cesse de souffler, se consume en peu d'heures; qu'un cheval succombe au moment même où, avec une nouvelle ardeur, il fuit l'éperon qui l'excite ; que de même la vie s'use promptement, lorsque l'action de nos organes est trop vive ou trop prolongée ; enfin, si, trop foibles pour résister aux passions qui tendent à vous détruire, vous commettez des imprudences graves ou souvent répétées ; s'il devient nécessaire d'exciter l'action des organes digestifs, de vous débarrasser des alimens pris avec excès ; n'employez que les moyens les plus doux, et conservez le souvenir de cette sentence du père de la Médecine clinique : » *Pharmacis purgati*

» *citò exsolvuntur atque etiam qui pravo*
» *utuntur cibo* (1) «.

La Médecine éclairée par les autres sciences naturelles et dirigée dans ses recherches par l'analyse, marche rapidement vers sa perfection. Déjà les causes des inappétences, des nausées, des vomissemens, des douleurs d'estomac, des coliques, des diarrhées, des dyssenteries, des fièvres, des affections catarrhales, bilieuses, muqueuses et inflammatoires ont été étudiées avec soin, et j'ose dire avec succès : déjà, dans l'âge adulte, presque toutes les maladies aiguës se termineroient heureusement, si toujours l'on écoutoit la voix de la raison et de l'expérience, si tous les soins donnés aux malades tendoient à aider, à diriger la nature. Mais, trop souvent, on ne laisse agir cette nature, qu'Hippocrate appeloit médicatrice, qu'après avoir donné à ses efforts une direction vicieuse ; qu'après l'avoir rendue impuissante par des saignées, des vomitifs et des purgatifs, qui, peut-être long-temps encore, inspireront une aveugle confiance, quoique le régime qu'ils rendent nécessaire, soit la cause la

---

(1) Hippocrate, *Aph.* 36, *Sect.* 2.

plus réelle du soulagement qui quelquefois, dans les maladies légères , succède à leur action.

J'ai vu si généralement les personnes valétudinaires et habituées à l'usage de ces remèdes , recouvrer , au moins en partie , leur santé , lorsqu'elles ont adopté un autre traitement , que même avant de connoître, par des observations recueillies sur un grand arrondissement , ce que l'on doit espérer et craindre de leurs effets , je les prescrivois rarement et je ne les conseille point aujourd'hui , sans éprouver quelqu'inquiétude. Non-seulement ils sont dangereux par eux-mêmes , mais ils augmentent tellement la disposition aux maladies , qu'après leur usage , de légères imprudences , que les Médecins ne peuvent prévoir et moins encore prévenir , deviennent souvent funestes.

Le 12 Mars 1803 , J. L. , âgé de 22 ans, très-bien constitué, éprouva au second accès d'une fièvre tierce , des nausées et quelques autres symptômes que l'on appelle bilieux. Un vomitif pris le lendemain matin , le fit vomir et détermina quelques évacuations alvines. Quoiqu'il gelât , ce jeune homme se trouvant bien , se leva le soir , et , très-légèrement vêtu , traversa une grande cour pour se rendre de l'appartement qu'il occupoit, dans sa maison. En y entrant, il tomba sans connoissance , éprouva des spasmes convulsifs très-violens et périt en moins de trois heures, sans avoir pu proférer aucune parole.

Quoique les accidens qui résultent de l'imprévoyance des malades soient fréquens et toujours dangereux, après l'usage des évacuans ; quoique les circonstances qui peuvent rendre ces remèdes salutaires, soient rares et ordinairement difficiles à saisir ; quelques Médecins, d'ailleurs très-savans , semblent encore aujourd'hui vouloir en consacrer l'usage contre la plupart des maladies.

Plusieurs fois , disent-ils , des succès ont couronné leur pratique. Je suis loin de le contester. La plupart des accidens que les remèdes déterminent ne sont pas mortels , lorsqu'on leur oppose un traitement convenable ; mais j'ose affirmer que si des malades sont conservés à la vie par les soins de ces Médecins, la tourbe médicale, entrainée par leur exemple , en précipite chaque jour des milliers au tombeau.

Après de nombreuses recherches faites sur les registres civils, après avoir vu un

grand nombre de malades périr à la suite
d'un traitement mal dirigé ; après avoir com-
muniqué mes observations et mes recherches
à des Médecins également distingués par
leurs talens et par leurs vertus, je n'en puis
douter : il seroit moins nuisible d'interdire
même tous les remèdes pharmaceutiques,
que de tolérer, comme on le fait encore aujourd'hui d'une manière presqu'illimitée,
l'emploi des plus actifs. *Malim certè, ut nulla
prorsùs medicina fiat, quàm inepta et sa-
lutarium naturæ moliminum turbatrix* (1).

Jean M...., Laboureur, assez bien cons-

______

(1) Stoll. Ratio medendi, *T.* 3, *page* 226.

« La vie de l'homme a ses crises comme les grandes
maladies ; dans les unes, comme dans les autres, le rôle
de Médecin est presque toujours d'observer : la nature
travaille, on la trouble souvent, sous prétexte de l'aider ».

Encyclopédie méth., *art.* Ages, *par M.* Hallé.

« Ce seroit, dit l'auteur de la Nosographie philosophique, un grand et beau sujet à traiter en Médecine
que celui des maladies qui sont aggravées par un traitement inconsidéré et sans méthode, ou par un abus des
remèdes lorsqu'il auroit fallu se borner à une expectation
sage et mesurée.... Faut-il s'étonner que Stahl, en avan-
çant dans la maturité de l'âge et de l'expérience, soit
tombé dans une sorte de septicisme pour la vertu des
médicamens et qu'il en ait de plus en plus restreint
l'usage, à mesure qu'il étudioit avec plus de profondeur
la branche des maladies aiguës ».

titué , mais affoibli par des travaux excessifs et par de mauvaises nourritures , éprouvoit des douleurs vagues et souvent des coliques.

Le 4 Juin 1812 , je fus prié de le voir : des douleurs abdominales très-vives ; des déjections alvines peu abondantes , liquides et fréquentes ; la sécheresse de la peau et de la langue qui étoit rouge ; la tuméfaction du ventre , sa grande sensibilité lorsqu'on le touchoit ; la petitesse , la fréquence et l'irrégularité du pouls , annonçoient une inflammation du canal alimentaire. Une sonde passée dans la vessie , ne procura la sortie que d'une petite quantité d'urines très-rouges ; le malade n'en avoit pas rendu depuis plus de 24 heures. Des lavemens ; des lotions émollientes et camphrées ; des boissons légèrement toniques , calmantes et apéritives ; une douce chaleur ; des stimulans aux extrémités , procurèrent en quatre jours un mieux sensible.

Le 6me. de ce traitement , on me fit dire que le malade étoit bien : il commençoit à prendre quelques nourritures.

Le 8me. , pour achever , disoit-on , son rétablissement , quoique je me fusse fortement prononcé contre les purgatifs , il fut purgé. Le soir , j'eus occasion de passer par son village. Le malade lui-même me dit que la médecine lui avoit très-bien fait , et qu'il ne lui falloit plus que des forces. Cependant, son pouls irrégulier, à peine sensible , l'altération de ses traits , une sueur froide , la sensibilité du bas ventre , dont la tuméfaction augmentoit, me firent annoncer à sa famille une mort très-prochaine : il succomba en effet le lendemain.

Il me reste à répondre à une assertion souvent répétée , et qui , parce qu'elle est fondée en apparence , doit être combattue par des faits incontestables. » Nos pères qui , plusieurs fois chaque année , et à des époques régulières , ont fait usage des évacuans , vivent vieux et se portent bien , tandis que des jeunes gens , en proie à la douleur , périssent aujourd'hui privés de ces secours «.

» L'humaine raison, dit Montaigne , est
» un instrument libre et vague. Je veois ordi-
» nairement que les hommes, aux faicts qu'on
» leur propose , s'amusent plus volontiers à
» en chercher la raison , qu'à en chercher
» la vérité. Ils laissent là les choses , et
» s'amusent à traicter les causes : Plaisants

» causeurs!... Ils commencent ordinairement
» ainsi : Comment est ce que cela se faict ?
» Mais, se faict-il ? fauldroit-il dire.... Ie
» treuve, quasi partout, qu'il fauldroit dire:
» Il n'en est rien « (1).

Vit-on moins qu'on ne le faisoit pendant les derniers siècles ?

Le temps a effacé de la mémoire des vieillards le souvenir du décès prématuré de presque tous leurs contemporains ; et, parce qu'on n'a point recherché les rapports qui se trouvent entre la mortalité et nos habitudes, on a cru reconnoître, je ne puis trop le répéter, dans les agens les plus actifs de notre destruction, la cause de la longévité de quelques individus.

» Sur 10,805 décès observés dans douze
» paroisses de la campagne, il paroît, dit M.
» De Buffon, que la moitié de tous les en-
» fans qui naissent, meurt à peu près avant
» l'âge de quatre ans révolus ; sur 13,189
» décès observés dans trois paroisses de
» Paris, il paroît au contraire qu'il faut 16
» ans pour éteindre la moitié des enfans qui
» naissent en même temps ; cette grande dif-
» férence vient de ce qu'on ne nourrit pas à

____

(1) Essais , *Liv. 3, Chap.* 11.

(65)

» Paris tous les enfans qui y naissent, même
» à beaucoup près ; on les envoie dans les
» campagnes où il doit par conséquent mou-
» rir plus de personnes en bas âge qu'à Paris;
» mais en estimant les degrés de mortalité par
» les deux tables réunies , ce qui me paroît
» approcher beaucoup de la vérité , on peut
» espérer raisonnablement, c'est-à dire, parier
» un contre un, qu'un enfant qui vient de naî-
» tre ou qui a zéro d'âge , vivra 8 ans ».

On lit dans l'hygiène de M. Tourtelle, qu'à Londres, à peu près la moitié des enfans meurt dans les trois premières années de leur vie.

La vie moyenne de 23,366 individus morts à Montpellier , en 21 ans , a été 26 ans , 3 mois, 20 jours : près de la moitié , 11,497 , avoient vécu moins de 5 ans.

D'après des calculs qui se trouvent dans les transactions philosophiques , le nombre des décès a été , année commune :

$$
\begin{array}{lll}
\text{à Vienne.} & 1 \text{ sur } & 19 \tfrac{1}{2}. \\
\text{à Londres} & 1 - & 20 \tfrac{3}{4}. \\
\text{à Edimbourg.} & 1 - & 20 \tfrac{2}{5}. \\
\text{à Berlin} & 1 - & 21. \\
\text{à Rome} & 1 - & 22. \\
\text{à Amsterdam..} & 1 - & 22.
\end{array}
$$

La plupart des Médecins qui , à Paris , ont une grande influence sur la pratique de la

Médecine , n'étant aujourd'hui que les aides,
les ministres de la nature , la mortalité qui,
dans cette ville , étoit autrefois au moins
égale à celle observée dans les autres capi-
tales , a été en 1810 , .. 1 sur 31 $\frac{1}{2}$; en 1811,
1 sur 34.

M. Hufeland pense qu'actuellement il ne
meurt que la moitié des hommes avant l'âge
de dix ans ; et si, des 74 personnes décédées
à Plouer en l'an 12 , l'on retire 4 enfans de
S.-Malo, morts à la nourrice, la vie moyenne
a été 45 ans pour les 70 autres; les trois quarts
de ceux-ci avoient vécu plus de 30 ans , la
moitié plus de 54, le quart plus de 69 et le hui-
tième , c'est-à-dire 9 , plus de 76 ans. Ces
derniers faits sont légalement constatés dans
une lettre que j'ai publiée sur l'épidémie
qui , en l'an 12 , fit de nombreuses victimes
dans l'arrondissement de Dinan.

Je fis aussi remarquer , dans cette lettre
adressée à M. Egault , Officier du Génie ,
qu'à Plouer, où mon père , après plus de 30
ans d'exercice , venoit de périr d'une chute
de cheval et victime de son zèle pour le soulagement des malades, le nombre des décès
étoit beaucoup moins considérable qu'il ne
l'est ordinairement , même à la campagne ;
que néanmoins , depuis cinq ans , c'est-à-

dire , depuis que je donnois des soins aux malades de cette commune , m'étant appliqué à faire connoître les moyens de prévenir les maladies et de les guérir en aidant la nature, en dirigeant ses efforts, la mortalité avoit encore été réduite , toutes choses égales , de près d'un quart : en sorte que le nombre moyen des décès étoit 61 par an , quoique 74 personnes eussent péri en l'an douze : population ,3,300 : proportion des morts aux vivans , 1 sur 54 $\frac{1}{10}$, année commune , ou un sur 57 , si l'on retire l'année de l'épidémie.

Je fis voir que Dinan , à deux lieues au midi de Plouer, éprouve à peu près les mêmes constitutions épidémiques , puisque la mortalité y croissoit alors ou diminuoit dans la même proportion. Elle fut à Dinan , pendant les 5 années dont j'ai parlé , de 1,368 , dont le 5me. est 273 , par conséquent 1 sur 23$\frac{1}{2}$, la population étant , à cette époque , de 6,406 ames ; et d'un sur 13 $\frac{1}{4}$ en l'an douze , le nombre des décès ayant été 463.

Si de l'an premier à l'an douze , l'on retire l'an douze , comme étant l'année de la plus grande mortalité , et l'an six comme étant celle de la moindre , il restera pour les dix autres , 2,599 ou 259,9 par an , d'où l'on peut conclure que le nombre moyen des décès , lorsqu'il n'y avoit point d'épidémie , étoit à Dinan, 1 sur 24 $\frac{2}{5}$.

Quelle peut être la cause de cette grande mortalité que n'offrent point les autres communes de l'arrondissement (1), et que l'on retrouve dans la plupart des villes , quoique dans toutes , on emploie des sommes considérables pour le soulagement des malades et des pauvres ?

Au pied du côteau granitique sur lequel Dinan est bâti de manière à offrir une légère inclinaison au levant d'été , se termine le bras de mer dans lequel se perd la Rance... La plupart de ses rues sont bien ouvertes , et ses habitans trouvent dans les eaux d'une

---

(1) ARRONDISSEMENT DE DINAN.

Population en l'an 12. . . . . . . , ... 96,173.

Nombre des décès d'après les états fournis par MM. les Maires.

An 8. . . . . inconnu.

    9. . . . . 3,036. . . . . . . 1 sur 31 $\frac{2}{3}$.

10. . . . 1,712. . . . . . 1 — 56 $\frac{1}{5}$.

11. . . . 2,606. . . . . . 1 — 36 $\frac{7}{8}$.

12. . . . 4,022. . . . . . 1 — 23 $\frac{9}{10}$.

Le Secrétaire de M. le Sous-Préfet de Dinan,

L. MACÉ.

source minérale peu éloignée et célèbre , un remède qu'il seroit difficile de suppléer (1). Dans son enceinte et hors de ses murs , plusieurs promenades agréablement ombragées, semblent inviter à des exercices salutaires ; et les campagnes qui l'entourent, offrent des paysages aussi beaux que variés , dans lesquels on ne voit ni marais , ni eaux stagnantes ; le sol est un mêlange d'argile et de silice , où l'on trouve à peine quelques parcelles de terre calcaire.

Cette commune , élevée d'environ 60 mètres au-dessus du niveau de la mer , l'est un peu moins que les côteaux voisins qui en l'entourant , diminuent l'influence nuisible que produisent ailleurs les grandes variations dans l'atmosphère. Sans être très-chargé d'exhalaisons humides , sans faire éprouver la sensation désagréable que l'on exprime sous le nom d'odeur de marée , l'air n'y est point aussi froid et n'a point l'aridité de celui qu'ordinairement on respire dans les pays situés à la même latitude et plus

____

(1) Voyez mes recherches sur les propriétés physiques, chimiques et médicinales de ces eaux. *Dinan*, 1812.

éloignés des côtes de l'Océan. Enfin il seroit difficile de trouver une situation plus favorable à la longévité (1). C'est donc dans les usages de ses habitans qu'il faut rechercher

---

(1) « L'homme vit plus long-temps dans les climats froids que dans les climats chauds. — Ce qui contribue le plus à prolonger la vie, c'est une température réglée, surtout par rapport au chaud et au froid, à la pesanteur et à la raréfaction de l'air.... Un atmosphère un peu humide, entretient plus long-temps les organes dans un état de souplesse et de jeunesse, tandis que celui qui est trop raréfié accélère davantage le desséchement des fibres et les signes de la vieillesse «.

« Les îles nous en offrent la preuve la plus frappante; elles ont été de tout temps, et sont encore, ainsi que les presqu'îles, le siège de la vieillesse. Les hommes y vivent toujours plus long-temps que dans les pays du continent situés à la même latitude. —Par exemple, ils vivent plus long-temps dans les îles de l'Archipel que dans les parties de l'Asie qui les avoisinent; dans l'île de Chypre, plus qu'en Syrie, dans l'île Formose et au Japon, plus qu'en Chine; en Angleterre et en Danemarck, plus qu'en Allemagne. Toutefois l'eau de la mer y contribue plus que l'eau douce : les eaux dormantes sont nuisibles par leurs exhalaisons méphitiques «.

« La longue vie paroît dépendre en grande partie du sol, de la qualité même de la terre, enfin du génie du lieu ; un sol calcaire semble le moins favorable à la durée de la vie ».

HUFELAND , L'Art de prolonger la vie humaine, page 93.

la cause de l'excès de mortalité que les registres civils y constatent.

Mes observations particulières, confirmées par le nécrologe de plusieurs communes, me prouvoient depuis long-temps que le nombre de décès pourroit être beaucoup moindre qu'il ne l'a été jusqu'ici ; mais, pour la conviction des personnes qui n'étant pas dans l'usage d'analyser leurs observations, portent au lit des malades les préventions que l'on trouve dans la société, et font une Médecine d'autant plus active qu'elle est moins réfléchie ; pour leur conviction, dis-je, j'ai voulu prouver qu'une salubrité dont Plouer offre des premiers exemples, pendant plusieurs années consécutives (1), n'a point été due au hasard, et que, dans les villes, l'abus des remèdes,

---

(1) M. Millar dit que, dans quelques villages d'Angleterre, il ne meurt que le soixante-neuvième de la population. Le village de Remda, près Jena offre, assure M. Hufeland, une salubrité presqu'égale ; mais sans doute, ces observations n'ont pas été faites pendant un grand nombre d'années consécutives. La vie moyenne, dans ces contrées, seroit au moins de 69 ans; et si la moitié des enfans qui y naissent mouroit successivement et à des distances égales, avant l'âge de 72, tous les autres, c'est-à-dire la moitié, pourroient se promettre une existence de 104 ans, ce qui est incroyable dans notre siècle.

bien plus que l'insalubrité des lieux et des constitutions atmosphériques, est la cause de la plupart des décès prématurés que l'on y observe.

En 1805, appelé par la confiance de plusieurs Dinannais, je me rendis dans leurs murs. On n'y comptoit plus (je ne parle pas d'une vingtaine d'étudians qui s'y succèdent), on n'y comptoit plus que douze personnes légalement autorisées à donner des soins aux malades ; mais les Médecins n'en voyant pas le plus grand nombre, ne pouvoient y donner à la pratique de la Médecine, l'heureuse impulsion que déjà elle avoit reçue à Paris et dans quelques autres villes de France. La voix des victimes de l'épidémie de l'an 12 ne s'élevoit même que foiblement contre la Médecine débilitante et symptomatique qui, trop souvent à Dinan, avoit rendu la nature impuissante et interverti l'ordre de ses opérations.

Quoique j'eusse déjà donné des preuves authentiques de l'utilité du système de Médecine que j'avois suivi jusqu'alors, je ne tardai pas à reconnoître qu'il me seroit difficile d'en faire généralement adopter les principes. J'en parlai à un ami, compagnon de mes études , qui jouit d'une réputation méritée. » Je pense comme vous, me dit-il, que la plupart des maladies ne deviennent graves que quand , loin d'aider la nature , on la rend impuissante ; mais je sais qu'il est peu de malades auxquels on puisse inspirer une entière confiance , lorsque toujours l'on se conforme à cette manière de penser. Je crois même qu'il est plus sage et plus utile à l'humanité que les Médecins cèdent en partie à l'opinion publique , jusqu'à ce qu'ils puissent la diriger : une conduite contraire les perdroit et donneroit à d'aveugles empiriques, un ascendant aussi honteux pour nous que funeste à nos concitoyens «.

Entraîné par ce raisonnement , je contrariai moins mes malades ; quelquefois je cédai à leurs instances , lorsque les remèdes qu'ils désiroient ne me parurent pas dangereux. J'eus bientôt plusieurs maladies graves à traiter, qui me firent connoître plus avantageusement que ne l'eussent fait cent maladies terminées en quelques jours , par un traitement convenable , suivi avec exactitude ; mais en confirmant ma doctrine médicale , ces observations m'apprirent à ne plus céder à des impulsions étrangères (1); et l'opinion favorable à la Médecine évacuante étant ébranlée, il me suffit auprès de la plupart

---

(1) Les plus grands Médecins, en faisant à cet égard l'aveu de leur foiblesse, ont prouvé combien est funeste l'influence que les opinions populaires exercent sur la pratique de la Médecine. Tissot, que je cite parce qu'il est le plus généralement connu, dit, en parlant d'une femme dont les viscères étoient obstrués, à la suite d'une fièvre bilieuse : « Quoique je fusse bien persuadé que la saignée ne pouvoit être que nuisible dans ce cas, il fallut céder à la nécessité, c'est-à-dire, aux sollicitations impérieuses de la malade et de ceux qui l'entouroient : on tira donc un peu de sang, ce qui ne procura pas le moindre soulagement.... Tout remède qui ne produit pas un effet avantageux est nuisible, et cela est surtout vrai de la saignée; car toutes les fois qu'elle ne détruit pas la cause de la maladie, elle abat les forces qu'il est si important de conserver. Plus vous diminuerez les forces qui sont les restes de la santé, plus celles de la maladie acquerront de prépondérance.... Il m'est arrivé dans le début d'une de ces fièvres (bilieuses), de céder presque malgré moi aux vives sollicitations d'un malade, et de prescrire la saignée : on ne tira qu'une petite quantité de sang, néanmoins j'eus lieu de me repentir de ma complaisance. Deux jours après et à mon insçu, le même homme se fit appliquer des sangsues à l'anus. Cette application fut suivie d'une hémorrhagie considérable, et bientôt après de l'exaspération de tous les symptômes ».

Dissertation sur les fiév. bil. page 202 et suiv.

Quoiqu'il soit réellement utile à l'humanité, qu'un

des malades , pour conserver leur confiance , de les guérir sans paroître employer les stimulans et les toniques qui, considérés comme échauffans , leur sembloient devoir être toujours dangereux.

Un Pharmacien prépara , sans les faire connoître, ceux de ces remèdes que mes malades n'eussent pas pris avec une entière confiance, et distribua aux pauvres ceux que je leur donnois. Le nombre des décès fut

En 1806. . . . . 223.
    1807. . . . . 213.
    1808. . . . . 185.
    1809. . . . . 189.
    1810. . . . . 195.

Total. . . 1,005 ,

Médecin expose la vie de quelques malades , pour se concilier la confiance des autres ; pour prévenir ainsi la mort d'un grand nombre qui périssent victimes de leurs préjugés , doit-on sciemment aggraver une maladie dont quelquefois il n'est pas possible d'arrêter les progrès? Devons-nous porter la mort au sein d'un malheureux qui vient solliciter nos soins ? Cette pensée fait horreur , et un jour on se rappellera avec reconnoissance le nom des Médecins qui , comme le Docteur Fouquet, se seront efforcés d'entraîner par l'exemple la tourbe inconsidérément prévenue.

dont le cinquième est 201. La population
en 1810 étant 6,816, la proportion est d'un
sur $33\frac{2}{10}$, tandis qu'elle étoit d'un sur $24\frac{2}{1}$,
même après avoir retiré l'année de l'épidémie,
pendant laquelle il périt près d'un treizième
de la population.

Lorsque je quittai Plouer, trois Officiers
de santé s'y fixèrent : deux seulement adop-
tèrent le système de Médecine que j'y avois
propagé. Le nombre des décès, en 1806,
y fut 86, ce qui donne une augmentation
bien importante, surtout si l'on retire l'année
de l'épidémie, pendant laquelle, comme je
l'ai dit, 74 personnes y périrent.

Plusieurs des habitans de cette commune
qui avoient cédé au préjugé favorable à la
Médecine évacuante, reconnurent bientôt
les dangers de cette méthode et me consul-
tèrent ; mais ce ne fut que dans le mois
d'Août 1808 que je commençai à m'y rendre
régulièrement deux fois par semaine.

Le nombre des décès y fut :

En 1807. . . . . 76.
1808. . . . . 68.
1809. . . . . 66.
1810. . . . . 64.

Les tableaux de décès de l'arrondissement, postérieurs à l'an 12 , ne se trouvent plus à la Sous-Préfecture et ont été consumés par un incendie, à la Préfecture. Plusieurs registres civils n'ont point été déposés au Tribunal , en sorte que je ne puis publier les résultats généraux de mes recherches ; mais tous prouvent qu'en Médecine , la concurrence qui presque toujours est nuisible aux intérêts des malades , devient funeste , lorsque les Médecins ne peuvent , sans perdre leur réputation , s'élever avec force contre les opinions populaires.

Broons est , après Dinan , la commune de l'arrondissement où, depuis quelques années, l'on a vu le plus grand nombre de personnes autorisées à exercer la Médecine. Par sa situation, cette ville champêtre , dont le sol fertile n'est point marécageux, ne paroît pas devoir être plus insalubre que les autres campagnes. On ne trouve réunie au chef-lieu, qu'environ le quart de sa population , qui est beaucoup moindre que celle de Plouer, et dispersée sur une plus grande surface. Cependant , le nombre des décès qui, en l'an douze , y fut 105 , c'est-à-dire , 1 sur

17 $\frac{1}{2}$, la population étant 1,836 ames, a été :

En 1806. . . . . 53.
1807. . . . . 75.
1808. . . . . 68.
1809. . . . . 70.
1810. . . . . 67.

TOTAL. . . . 333.

ou 66 $\frac{3}{5}$ par an. Proportion , 1 sur 27 $\frac{1}{2}$.

Un des Officiers de santé de Broons, quitta cette commune avant 1811, un autre fit, pendant cette année, une très-longue absence ; je vis plusieurs malades avec un troisième, qui quoiqu'aussi prudent qu'instruit, n'avoit pu jusqu'alors se concilier l'entière confiance qu'il mérite. Le nombre des personnes enregistrées dans cette ville, a été en 1811, 51 : proportion, 1 sur 36.

Chaque jour, à Dinan et à Plouer, l'opinion devient moins favorable à la Médecine évacuante : le nombre des décès enregistrés en 1811, a été :

A Dinan, 184, dont 13 décédés hors commune : reste 171. Proportion, 1 sur 40.

A Plouer, 70, dont 9 décédés hors commune : reste 61. Proportion, 1 sur 56.

COMMUNES de	POPULATION.	NOMBRE DES DÉCÈS EN L'AN					
		12	1806	1807	1808	1809	1810
Dinan . . .	6,816.	463	223	213	185	189	195
Plouer . . .	3,419.	74	86	76	68	66	64
Broons. . .	1,836.	105	53	75	68	70	67

On a soustrait des registres de 1806, les décès du commencement de l'an 14.

La population de Dinan étoit, en l'an 13 , . 6,406. le nombre des décès y fut, de l'an 8 à l'an 12, inclusivement , ... 1,368.

Si de l'an 1er. à l'an 12, l'on retire l'année de la plus grande mortalité et celle de la moindre, il reste pour les dix autres , ... 2,599.

La population de Plouer étoit, en l'an 13,...3,300. Le nombre des décès y fut, de l'an 8 à l'an 12, toujours inclusivement , ... 306.

P. S. Le nombre des décès enregistrés en 1811, a été :

A Dinan , 184, dont 13 décédés aux armées, et 8 présentés sans vie.

A Plouer, 70, dont 9 sont décédés hors commune.

A Broons , 51, dont 2 sont décédés aux armées.

A Saint-Cast , dont la population est de 1,322, en 1806 le nombre des décès a été 29, dont 4 sont enregistrés du 6 Août au 12 du même mois (1).

Certifié conforme aux registres déposés au Tribunal civil de Dinan, BAIGNOULX, *Greffier.*

_____

(1) J'ignorois la disposition législative qui ordonne l'inscription des décès hors commune, lorsque les extraits des registres antérieurs à 1811, ont été faits, et j'ai cru devoir négliger de nouvelles

Nous avons constaté que le nombre des décès enregistrés depuis quelques années à Dinan, à Plouer et à Broons, a été en rapport avec les systêmes de Médecine que l'on a suivis : il me reste à prouver que la diminution observée dans ces communes, n'est point due à d'heureux changemens dans les

---

recherches. Ce travail fastidieux n'eût pu qu'ajouter aux preuves que j'ai données de la diminution dans le nombre des décès observés depuis six ans, puisque les décès hors commune n'étoient point enregistrés avant le code Napoléon ; mais je dois faire remarquer que cette inscription et celle des enfans qui autrefois confiés, en plus grand nombre qu'aujourd'hui, à des nourrices étrangères, alloient périr loin des villes, ajoute plus au nombre des décès enregistrés à Dinan, que la pratique de la vaccine n'a pu y diminuer ce nombre.

Le vaccin n'est pas toujours de bonne qualité, quelquefois il resté sans effet ; mais je suppose qu'à Dinan, 800 enfans aient été, par ce moyen, préservés de la petite vérole. De ces 800, au moins 300 seroient morts avant de l'avoir contractée. Si, des 500 qui restent, tous devoient l'avoir en dix ans, c'est-à-dire, 50 par an, et qu'un dixième dût en mourir, la pratique de la vaccine en a préservé 5 chaque année.

Nous verrons bientôt que, dans les villes et communes voisines, cette utile opération n'a pu empêcher une augmentation dans le nombre des décès ; tandis qu'à Dinan, quoique cette année 1812, la petite vérole ait été épidémique et très-répandue, ainsi que la coqueluche ; quoique ces maladies aient fait un grand nombre de victimes ; quoiqu'une disette affreuse, et telle que l'on n'en retrouve pas d'exemple dans l'histoire des derniers siècles, ait accéléré la mort de plusieurs indigens, le nombre des décès est encore diminué de plus d'un quart.

A Dinan, dont la population est 6,820, le nombre des décès enregistrés en 1812, est 215, sur lesquels 45 au moins, ont été occasionnés par la coqueluche et la petite vérole.

Pour certification, Le Maire de Dinan,

LE CHEVALIER.

constitutions atmosphériques ou autres circonstances étrangères à la pratique de la Médecine.

L'on voit par le tableau ci-joint des décès observés dans dix villes et paroisses choisies, les villes, parce qu'elles sont les plus voisines de Dinan, et les paroisses, parce qu'elles sont les plus peuplées de l'arrondissement; l'on voit, dis-je, que le nombre des décès a été plus qu'ordinaire en 1811; et si l'on compare les six dernières années aux six qui ont précédé celles de l'épidémie de l'an 12, l'on reconnoît que la mortalité réunie des communes de Saint-Malo, Saint-Servan, Pleurtuit, Pleudihen, Plénée, Corseul, Sévignac et Plouâne est augmentée d'un neuvième ; quoiqu'elle ne le soit que d'un 21me. à S.-Malo, S.-Servan, et Pleudihen, où les Docteurs Moras, La Roselais, Martin, Postel, ... préparent et assurent par leurs talens et leurs succès, le triomphe de la Médecine d'observation.

Des ▬▬▬▬▬ communes qui forment ce tableau, Evran est celle où je vois le plus de malades, et la seule de l'arrondissement qui offre une diminution dans le nombre des décès. A Lamballe, mon beau-père, dont la pratique ne diffère pas de la mienne, consulte la plupart des malades : la diminution est d'un 5me.

6

ARRONDISSEMENT DE DINAN.

COMMUNES DE	NOMBRE DE DECÈS EN L'AN						TOTAL.	NOMBRE DE DECÈS EN L'AN						TOTAL.	DIFFÉRENCE.	CERTIFIÉ CONFORME.
	6	7	8	9	10	11		1806	1807	1808	1809	1810	1811			
Saint-Malo....	211	251	271	334	304	325	1696	341	323	273	345	277	263	1822	+126	J.-F. Derrien, Secrétaire.
Saint-Servan...	178	232	247	245	263	256	1421	292	236	210	250	220	250	1458	+37	Dubois des Corbièr[es], Maire.
Pleurtuit.....	76	106	96	111	110	136	635	198	126	111	124	111	134	804	+169	De la Bouexière, Maire.
Pleudihen.....	72	100	78	136	113	84	583	115	115	94	103	85	83	595	+12	Vanier, Maire.
Plénée.......	107	105	78	67	89	87	533	96	115	121	135	127	120	714	+181	Cousté, Secrétaire.
Corseul......	49	116	66	115	102	81	529	106	100	84	147	89	97	623	+94	Allain, Maire.
Sévignac......	39	59	88	63	43	70	362	57	51	69	82	53	59	371	+9	Lechérc, Maire.
Plouane......	60	56	74	66	78	82	416	88	59	79	80	93	71	470	+54	Le Marchand, Maire.
Évran.......	64	80	83	157	71	81	536	89	68	85	75	104	110	529	—7	Chauchart du Motta[y], Maire.
Lamballe.....	108	197	148	139	156	143	891	123	119	122	115	96	140	715	—176	Grolleau Villegueu[r], Maire.
Totaux...	964	1302	1229	1433	1329	1345		1505	1312	1246	1456	1255	1327			

Si le nécrologe de ces communes , qui sont exactement ou les plus voisines ou les plus peuplées de l'arrondissement, et dans le choix desquelles je n'ai pu , par conséquent , être déterminé par des considérations relatives à la doctrine médicale que j'ai adoptée , ne porte point encore une entière conviction ; nous trouverons dans l'histoire des épidémies de nouvelles preuves de l'utilité de la Médecine et de la funeste influence des remèdes débilitans et perturbateurs.

Fièvres en Amérique , traitées par les saignées et les purgatifs.	Les mêmes fièvres en Amérique, lorsqu'on donna le quinquina , mais à des doses trop foibles.
Morts , presque tous les malades.	Plusieurs malades guéris.
Fièvres à bord des vaisseaux de transport qui ramenèrent les troupes de Flandre , en 1745 , dans le court trajet des côtes de Hollande à celles d'Angleterre , traitées par la méthode anti-phlogistique.	Fièvres à bord du vaisseau La Résolution, de 118 hommes d'équipage, commandé par le capitaine Cook dans un voyage de trois ans et dix-huit jours, dans tous les climats , depuis le 52e. degré de latitude nord, jusqu'au 71e. de latitude sud, traitées avec le quinquina, par M. Patter, Chirurgien de l'équipage.
Morts , la moitié des malades.	Mort , aucun.

Fièvres épidémiques en Angleterre et en Irlande, en 1741, traitées par les saignées et les évacuans.

Morts, environ la moitié.

———

Fièvres épidémiques en Italie, en 1708 et 1709, traitées par la saignée,

Morts, presque tous les malades.

———

Fièvres abandonnées à la nature, en prenant pour base les cas rapportés par Hippocrate, dans le premier et le troisième livre des Epidémiques.

Morts, 2 sur 5.

———

Fièvres à Paderborn, traitées par la méthode anti-phlogistique.

Morts, plus de la moitié.

———

Fièvres dans l'Inde, traitées par la saignée et les purgatifs.

Morts, plus de la moitié.

———

Fièvres à la maison de secours d'Alders-gate-Street, traitées avec le quinquina et le régime cordial.

Morts, 1 sur 33.

———

Fièvres épidémiques en Italie, en 1708 et 1709, lorsqu'on employa le quinquina.

Morts, 1 sur 30.

———

Fièvres à l'hôpital de Vienne, traitées avec le quinquina et un régime cordial tempéré, par M. De Haën.

Morts, 1 sur 41.

———

Fièvres sur la flotte Russe, traitées avec un régime cordial, les vésicatoires et l'antimoine.

Morts, 1 sur 17.

———

Fièvres dans l'Inde, traitées avec le quinquina donné à forte dose.

Morts, 1 sur 150.

Fièvres à Jekenheim et à Neuwied, traitées à la manière anti-phlogistique.

Morts, presque tous les malades.

———

Fièvres à bord du sloop de guerre La Belette, traitées avec l'antimoine, par M. Robertson, Chirurgien de l'équipage, dans un voyage aux côtes d'Afrique et d'Amérique.

De 55 malades, un cinquième mourut.

Fièvres à l'hospice de Westminster, traitées par le quinquina et le régime cordial tempéré.

Presque tous les malades guéris.

———

Fièvres à bord du vaisseau de guerre L'Arc-en-ciel, traitées avec le quinquina, par le même M. Robertson, dans un autre voyage semblable.

De 279 malades, aucun ne mourut.

Ce tableau se trouve dans le Recueil périodique de la Société de Médecine de Paris, T. 1.

Dans le mois de Floréal an 3, chaque jour plusieurs militaires de l'hospice ambulant de Nozai, près Nantes, succomboient à une dyssenterie traitée par la méthode anti-phlogistique. Plus de trente éprouvoient cette cruelle maladie, lorsque, pendant dix jours, je fus chargé de diriger leur traitement. Une grande propreté, l'usage d'infusions amères et aromatiques, du vin sucré, de la thériaque donnée à petites doses souvent répétées ; quelques stimulans extérieurs, un régime approprié à l'état de chaque malade , produisirent un si prompt et si salutaire effet , qu'aucun ne périt pendant que je les consultai.

Soussigné , Officier de santé en chef à l'hospice militaire de Nozai , certifie que le Cn. Louis BIGEON y a montré autant d'aptitude que de zèle à secourir les défenseurs de la République , dont il a su mériter l'estime et la reconnoissance. Pendant mon absence , il a été chargé du traitement des malades qui en ont retiré le plus grand avantage.

Nozai , le 6 Prairial , l'an 3 de la République Française.

* * *

Je , soussigné , Commis aux entrées à l'hospice de Nozai , certifie que pendant les dix jours que le Cn. BIGEON a été chargé du traitement des militaires audit hospice , aucun malade n'a péri , et que les jours précédens, un grand nombre succomba à la dyssenterie, qui se propageoit d'une manière effrayante.

A Nozai , le 6 Prairial , an 3 de la République Fran.

MALAPERT jeune.

Je , soussigné , certifie que , pendant le mois de Nivôse an dix , une fièvre épidémique enleva plusieurs personnes dans les villages les plus peuplés de cette commune. M. Bigeon, éloigné de près de deux lieues (1), n'étoit ordinairement consulté, que quand cette maladie, qui se progageoit de la manière la plus inquiétante, avoit été aggravée par des saignées et autres évacuans.

Pour mieux fixer l'attention sur le danger de ce traitement, M. Bigeon refusa de voir les malades riches qui s'y étoient soumis, à moins qu'ils ne donnassent 12 francs que les Prêtres recevoient et distribuoient aux pauvres.

Dix ou douze personnes payèrent cette somme : le traitement indiqué par M. Bigeon fut généralement adopté, et l'épidémie cessa de faire des victimes.

Fait à Pleurtuit, ce 4 Novembre 1812.

De la Bouexiere, *Maire.*

Instruit par une lettre de M. le Sous-Préfet, qu'une épidémie s'étoit manifestée à Saint-Cast (c'est la seule fois que j'aie été requis officiellement), je me rendis dans cette commune, le 12 Août 1806. Depuis six jours, quatre personnes avoient succombé; je vis un grand nombre de malades, et je notai l'état de quinze. La maladie étoit une fièvre ataxique due à la misère, à la malpropreté, à une grande sécheresse spécialement sentie dans le village appelé l'Isle, dont le sol presqu'entièrement sablonneux est dépourvu d'arbres.

Cette fièvre se propageoit sensiblement par contagion. Néanmoins je rappelai, autant

______

(1) Je demeurois alors à Plouer. Pleurtuit est à 4 lieues de Dinan.

qu'il me fut possible, la sécurité dans les familles. J'insistai sur les moyens d'hygiène; un Officier de santé se chargea d'administrer au nom du Gouvernement, les remèdes qui me parurent les plus propres à combattre cette maladie. Un malade étoit presqu'expirant : il succomba, mais tous les autres se rétablirent. Le nombre des décès dans la commune entière, dont la population est de 1,322, ne fut pendant toute l'année, que de 29. Proportion, 1 sur 45 $\frac{1}{2}$.

Les rapports relatifs à cette épidémie ont été déposés à la Préfecture.

M. le Baron Aûbrée, Colonel du 11me. régiment de ligne, m'a remis les observations suivantes.

» Dans le mois de Mai an 6, le 42me. régiment dont je faisois partie, releva à Ziric-zée, île de Schowen, le 72me. qui avoit perdu beaucoup d'hommes, par les fièvres qui y règnent, surtout pendant la saison des chaleurs. Un Médecin français fort instruit, M. Mené, fut chargé de l'hôpital militaire; il nous prévint que nous aurions un très-grand nombre de malades, mais qu'il espéroit en sauver la majeure partie «.

» M'étant livré dans ma jeunesse, à l'étude de la Médecine, et sachant par expérience,

combien ces fièvres sont dangereuses ,
(pendant le siège de l'Ecluse, le régiment
qui étoit fort de 3,000 hommes , fut réduit
à moins de 200 par l'effet de ces fièvres)
je lui demandai sur quoi il fondoit son espoir,
et quels seroient les moyens curatifs qu'il
emploiroit. Il me répondit qu'après un
long examen sur la nature de ces fièvres ,
et le résultat de sa pratique aux armées ,
il avoit acquis la certitude qu'elles ne pro-
venoient que de foiblesse , et que loin de
recourir aux débilitans , il ne feroit usage
que de toniques «.

» Pendant le séjour que fit le régiment dans
cette île , qui fut de 7 ou 8 mois ; plus de
1,200 malades entrèrent à l'hôpital , et sur
ce nombre , nous n'en perdîmes que sept.
Atteint moi-même de cette fièvre et traité par
ce Médecin ; au bout de 15 jours , je fus
parfaitement rétabli «.

» Pendant notre séjour dans cette île , il
mourut un très-grand nombre d'habitans,
bien saignés et bien purgés selon l'usage.
M. Le Calt , Médecin du pays et plein de
connoissances , voyant la différence du traitement qu'on employoit pour les troupes
françaises , et surtout l'énorme différence du
résultat, voulut le faire admettre à Ziric-Zée.

Il fut fort improuvé par ses collègues ; plusieurs même de ses malades ne voulurent pas s'y soumettre, ou prenoient en secret des purgatifs «.

» Bientôt ce Médecin fut attaqué de cette fièvre : il se traita par les toniques, malgré l'avis des Médecins du pays, et fut guéri avant vingt jours «.

» Quelque temps après, nous quittâmes l'île de Schowen, et j'ignore si on continue à y traiter les habitans par les débilitans. Je sais que M. Le Calt m'assura à mon départ, que ses collègues lui avoient fait eprouver du désagrément, mais qu'il espéroit cependant que ces MM. et les malades se rendroient à l'expérience, et que peu à peu le nouveau traitement seroit adopté «.

Le jugement est difficile : cette pensée d'Hippocrate, aussi simple que profonde, vraie pour les Médecins dans l'application des remèdes, l'est bien plus encore pour les malades dans le choix des Médecins. Un traitement, quelque mal dirigé qu'il soit, ne rend pas toutes les maladies mortelles ; quelques-unes peuvent même se terminer spontanément, après avoir résisté à un traitement méthodique. Des circonstances heureuses , quelquefois inappréciables , en modifiant les constitutions atmosphériques et individuelles, déterminent ces guérisons que les plus ignorans bateleurs peuvent paroître obtenir , et qui alors entourées de merveilleux, entraînent, séduisent et acquièrent une célébrité d'autant plus grande que ceux qui s'en félicitent , devoient moins y compter.

La confiance de la plupart des hommes peut être aisément surprise , et si les Médecins n'écoutoient point la voix de leur conscience ; s'ils ne lui sacrifioient sans cesse leurs intérêts et leur réputation , leur triomphe seroit aussi facile que sûr. Ils savent que la mort des malades leur est imputée , lorsqu'ils ont négligé l'usage des remèdes que l'on croit les plus propres à enlever les causes des maladies ; que la terminaison prompte et heureuse d'une affection quelconque, traitée sans remèdes violens , ne paroissant aux yeux du public , que le résultat d'un effort salutaire et spontané de la nature , leur fait peu d'honneur et leur est nuisible toutes les fois que le malade est d'un tempérament foible , ou qu'il observe mal le traitement et le régime qui lui sont indiqués. Ils savent

aussi qu'en se conformant aux opinions populaires, ils créeroient des maladies, et qu'en
présageant le danger de ces maladies, que
le plus souvent ils sauroient guérir, ils se
concilieroient la confiance générale. Chaque
jour, par leurs soins, quelques victimes paroî-
troient arrachées à la mort, et des malades
qui leur reprochent aujourd'hui une convo-
lescence difficile, une rechute, quelquefois
après plusieurs années d'une existence qu'ils
ne doivent qu'à l'omission des remèdes qu'ils
sollicitoient, eussent béni en succombant la
main qui les eût frappés.

Si la doctrine médicale dont j'ai ailleurs (1)

---

(1) Cette doctrine énoncée dans la lettre dont j'ai
précédemment parlé, a obtenu le suffrage de toutes les
Sociétés médicales et littéraires, de tous les Médecins,
de tous les hommes instruits auxquels elle a été com-
muniquée.

M. le Baron BOULLÉ, Préfet des Côtes-du-Nord,
m'écrivit: « Je vous prie de recevoir mes remercîmens de
l'envoi que vous m'avez fait de l'imprimé de votre Lettre
à M. Egault, sur l'épidémie observée en l'an 12, à Dinan
et dans les campagnes voisines. Cette Lettre, Monsieur,
méritoit d'être imprimée et connue; car outre qu'elle
rend témoignage de vos connoissances profondes et de
votre dévouement pour le bien de l'humanité, elle
contient les observations les plus intéressantes sur le
traitement des maladies de l'espèce de celle qui régnoit
en l'an 12 à Dinan ». *S.-Brieuc, 23 Prairial an 13.*

exposé les bases , si la Médecine physiologique étoit généralement adoptée , les substances alimentaires, les exercices, les frictions,

---

« Cette brochure (Lettre sur l'épidémie , etc.) est à
la fois agréable et instructive, et l'on y remarque un sage
commentaire de cette pensée de Stoll, si féconde en
Médecine : *Les grandes maladies sont presque toujours
l'effet des grands remèdes , des négligences ou des erreurs
commises dans le traitement des indispositions* ».

Gazette de santé, 11 *Thermidor an* 13.

« Le mérite du Praticien consiste principalement à
avoir évité l'abus des évacuans , contre lequel M. Pinel
s'est si justement récrié dans l'école de Paris ; abus que
l'on sait être , avec les remèdes dits de précaution , avec
les traitemens prétendus préparatoires , avec la routine
des remèdes généraux , etc. , au nombre des grandes
erreurs de la Médecine symptomatique ».

« Cependant cette fausse Médecine , dont M. Bigeon
ne se montre point du tout le partisan, compose en général la pratique courante , et elle est toujours d'un
exercice plus facile pour le vulgaire des Officiers de
santé. Cette Médecine de *superficie* ou d'*impromptu* se
prête à merveille aux idées populaires , au jargon du
métier, et à la confiance des dupes ; mais elle n'appartient
ni à la science , ni à la profession du vrai Médecin , du
vir probus , medendi peritus. Le Nestor de Montpellier ,
le vénérable Fouquet , a bien soin d'en avertir ses disciples. Il y a lieu d'espérer, dit-il, que la tourbe se
laissant entraîner par le torrent de l'exemple, les malades
ne seront plus *abreuvés* comme auparavant du *fiel des
purgations* ».

« La Médecine que M. Bigeon appelle physiologique ,

les stimulans, les délayans, les apéritifs, les
calmans, les amers, les absorbans, offriroient
des ressources suffisantes pour satisfaire à

---

et qui a pour base des différences mieux calculées de
l'homme sain et malade, non pas sur une simple apparence symptomatique, mais d'après l'ensemble de tous
les phénomènes respectifs, est sans doute la plus difficile
à cultiver ; mais c'est aussi celle dont les résultats sont
les plus certains, parce qu'elle s'appuie sur les meilleures
inductions de la séméiotique, en remontant, le plus
possible, des effets aux causes; seul moyen de mieux
connoître et de comparer avec les ressources de la nature,
le siège du mal, son caractère, ses véritables indications,
ses périodes et ses crises. Par une telle marche, nous
rentrons dans les méthodes analytiques, si bien tracées
par Barthez, et dans la sphère de la Médecine éclec-
tique ».

Journal de la Société de Médecine de Paris, N°. 114.

« Nous avons mentionné avec éloge une lettre de M.
Bigeon, D. M. sur l'épidémie meurtrière qui régna en
l'an 12 à Dinan. Cette lettre avoit donné lieu à quelques
disputes de mots entre l'auteur et ses collègues;.... mais
il faut avouer que rien d'essentiel n'avoit été omis dans
cette lettre. Les faits seuls méritoient d'être observés ;
ils l'ont été bien exactement par M. Bigeon ; nous ne
voyons pas que ses collègues lui aient fait aucun reproche
à cet égard. Si la dispute s'établit entr'eux et lui sur des
mots, elle devient dès-lors étrangère au sujet ».

Moniteur universel, 20 Août 1806.

Aucun des Médecins de Dinan ne s'est plaint de mes

presque toutes les indications qui peuvent être remplies, et dont les principales sont de seconder et de diriger les forces vitales de manière à maintenir ou à rétablir, dans un juste rapport, les diverses fonctions dont le libre exercice constitue la santé.

Cette Médecine usant avec prudence et rarement des secours presque toujours trompeurs que semblent offrir les évacuans, est, à la vérité, peu propre à fixer l'attention et la confiance des malades ; mais cette confiance peut être aisément éclairée par une bonne législation médicale, qui, en faisant adopter les principes d'une Médecine fondée sur l'observation des lois de la nature, conserserveroit chaque année à la France plusieurs cent mille ames, et feroit oublier aux générations qui doivent nous succéder, la plu-

---

écrits, et loin de les inculper, je me suis toujours plu à rendre justice à leurs talens. Il paroît qu'avant sa publication, aucun d'eux n'eut connoissance de l'Essai de Mr. M. L. R. C....., alors Etudiant. M. son père, Médecin, fut lui-même très-surpris, lorsque, pour la première fois, il vit à la Chambre littéraire, cet Essai dans lequel on reconnoît difficilement l'intention de l'auteur, et qui ne porte que sur les mots des huit premières lignes de mon ouvrage.

part

part des maladies et des infirmités qui aujourd'hui rendent pénible notre foible existence. Bientôt se réaliseroit la prédiction
de M. Cabanis : » Oui , dit-il , j'ose le
» prédire : avec le véritable esprit d'obser-
» vation , l'esprit philosophique qui doit y
» présider va renaître dans la Médecine ; la
» science va prendre une face nouvelle. On
» réunira ses fragmens épars, pour en former
» un système simple et fécond comme les
» lois de la nature « (1).

M. Dumas a récemment publié des recherches aussi étendues que profondes sur
les élémens des maladies chroniques. L'étude
de la cause prochaine des maladies aiguës
n'est pas moins importante , et les applications de l'analyse à cette étude font espérer
que bientôt toutes les affections morbides
pourront être classées d'après les indications
curatives qu'elles présentent. M. Pinel a
depuis long-temps reconnu les avantages de
cette division. » Les principes du traitement,
» quand on cesse de les envisager avec des
» vues resserrées , des formes scholastiques
» ou les préventions du vulgaire, indiquent

____

(1) Du degré de certitude de la Médecine.

» naturellement une sorte de division des
» six ordres de fièvres primitives en deux
» sections principales , relatives à ce qu'on
» appelle Médecine d'expectation ou d'action.
» La première section comprend les fièvres
» inflammatoires, gastriques et muqueuses ;
» la seconde les fièvres adynamiques ,
» ataxiques et la peste du levant « (1).

Les fièvres que l'on nomme primitives ,
se compliquent tellement , que les symptômes que l'on indique comme propres à
former le caractère spécifique de chacune
d'elles , non-seulement se trouvent réunis
dans la description de toutes les épidémies qui
ont été très-funestes ; mais souvent un seul
malade les éprouve tous à la fois ou successivement. » La fièvre , comme l'a remarqué
» Stoll , est une affection de la vie qui tend
» à éloigner la mort « (2). Elle est toujours
symptomatique et elle reconnoît pour cause

____

(1) Nosographie philosophique , *T.* 1 , *page* 299.

(2) Febris est affectio vitæ, conantis mortem avertere.
Quam cum in irritabilitate cordis et arteriarum auctâ
posuerimus, eaque augeri, incitarique possit à causis
numero et varietate infinitis, patebit, febris causam
proximam infinitas causas pro suis proximis agnoscere.
Stoll. Aph. 7 *et* 15.

prochaine toutes les altérations que peuvent éprouver nos solides et nos fluides.

En général , toutes les maladies offrent quelques symptômes que l'on peut rapporter à des affections de nature différente ; et quand la cause de ces symptômes , c'est-à-dire, l'altération qu'éprouvent nos organes ne pouvant être reconnue , on adopte une division systématique , plus on multiplie les espèces , plus le choix des remèdes est difficile , plus les erreurs sont fréquentes et dangereuses. Des Médecins peu exercés croient souvent devoir opposer à ces diverses affections ou plutôt à ces symptômes, l'usage successif ou simultané des remèdes les plus débilitans et des excitans les plus actifs ; ils oublient que tout doit tendre au même but, que cette inconstance dans le choix des moyens de guérison atteste l'ignorance du véritable caractère des maladies; ils oublient que les remèdes perturbateurs , lorsqu'ils stimulent ou affoiblissent des organes essentiels , y transportent, pour ainsi dire , le siège de l'affection morbide , et s'opposent ainsi à l'expulsion des matières nuisibles et au rétablissement de l'équilibre interrompu entre les diverses fonctions.

» Les remèdes , dit l'auteur de l'Art de

» prolonger la vie humaine , page 313 , les
» remèdes opèrent par le moyen d'une ma-
» ladie artificielle. Chaque maladie entraîne
» une irritation , une perte de forces ; si le
» remède est plus fort que la maladie , on
» guérit le malade ; mais par ce procédé
» on l'a plus affoibli , par conséquent on a
» plus retranché de la durée de sa vie que
» ne l'eût fait la maladie elle-même. C'est
» ce qui arrive lorsque , pour les moindres
» incommodités , on emploie les remèdes les
» plus violens «.

Si la Nosographie étoit toujours fondée sur
les indications curatives que présentent les
maladies ; si les malades pouvoient se per-
suader que les fièvres inflammatoires , bilieuses et muqueuses se terminent promptement et sûrement , lorsque tout tend
à favoriser les crises qui se font par les
voies convenables ; s'ils cessoient de croire
à la coexistence de plusieurs affections gé-
nérales de nature opposée , ils seroient bien
plus rarement dupes qu'ils ne l'ont été jusqu'ici. En paroissant toujours voir réunies
deux ou trois fièvres essentielles , et souvent
un nombre égal de maladies locales , les
charlatans semblent faire preuve d'une

grande sagacité , et ils persuadent aisément que ces diverses affections exigent l'emploi simultané d'une multitude de remèdes , qui souvent anéantissent les restes de la vie. Aussi habiles que le Médecin de Molière , ils saignent , pour voir si la maladie est dans le sang ; ils purgent, dans l'espoir de la reconnoître si elle se trouve dans les humeurs, et après avoir ainsi promené leur victime autour du tombeau , ces hommes ignorans ou pervers l'y précipitent en emportant, comme l'a dit un Médecin très-connu , l'or de la famille , dont ils ne méritoient que les malédictions.

Je le repète , le jugement est difficile ; et si des Médecins aussi judicieux , aussi habiles que les Dehaën et les Stoll , ont pu se laisser prévenir , le premier en faveur de la saignée , le second en faveur des évacuans du canal alimentaire ; s'ils ont pu paroître , dans le même lieu et à peu près dans les mêmes circonstances , justifier par des succès , une pratique opposée (1); si encore

____

(1) « On ne sauroit trop retracer, pour intimider l'homme superficiel et présomptueux, l'asservissement

aujourd'hui , souvent un Médecin désapprouve ces remèdes au moment même où un autre Médecin également instruit vient de les prescrire; comment un malade ose-t-il en faire usage , je ne dirai pas d'après l'ordonnance d'un Officier de santé , d'un Pharmacien , d'une Sœur de la charité , mais d'un voisin , d'une commère , qui n'ont d'autre titre à la confiance qu'ils inspirent comme Médecins , que l'impudence avec laquelle ils assurent l'infaillibilité des remèdes qu'ils proposent , et d'autres preuves de leur utilité que l'empressement avec lequel on les sollicite ? Dieu , dit-on , les bénit , lorsqu'ils sont administrés charitablement. — Il peut bénir la main qui les donne : il connoît les

---

aveugle à certaines opinions.... Toutes les fièvres à Vienne étoient regardées comme saburrales par les Médecins Allemands, et comme l'effet d'une surcharge gastrique. Dehaën arrive , il ne voit dans aucun malade ce qu'on appelle fièvre bilieuse ou gastrique ; mais celles qui passent pour telles ne sont à ses yeux que des fièvres inflammatoires ou putrides, et dès-lors ses principes de traitement se trouvent en opposition avec ceux de la tourbe médicale. Stoll, qui ensuite s'est acquis à Vienne, une réputation si brillante , ..., quel rôle actif ne fait-il pas jouer à son humeur ou matière biliforme » ?

Nosographie philosophique.

intentions ; mais j'ose affirmer qu'il n'est aucun Médecin qui n'ait donné ses soins à des victimes de ce zèle inconsidéré, et qui n'ait eu la douleur de voir souvent la terre couvrir ces pieuses impérities.

Enfin il me paroît prouvé que l'abus des remèdes est la cause la plus ordinaire de notre destruction prématurée ; que le charlatanisme, affermi par les préjugés populaires, ne peut être aujourd'hui que foiblement comprimé par les Médecins, quels que soient leurs talens et leur humanité ; et puisqu'ils pourroient profiter eux-mêmes de la foiblesse de leurs malades, l'on reconnoîtra sans doute que les réclamations que ne cessent de faire les plus justement célèbres d'entr'eux, sont dictées par le zèle le plus pur. Il conviendroit donc que, pour rendre salutaire la Médecine, dont la certitude ne peut être raisonnablement contestée, l'on plaçât ses ministres dans une situation telle qu'ils n'eussent à suivre que leur conscience, lors même qu'ils croiroient devoir agir en opposition avec des erreurs que le temps semble avoir consacrées et que trop souvent la concurrence et les rivalités perpétuent. Cet heureux résultat, on l'obtiendroit facilement, si, comme je vais le proposer , la législation médicale tendoit à concilier les intérêts des Médecins avec ceux des malades , à exciter le zèle des premiers , à fixer la confiance des autres.

RÉFLEXIONS

L'IMPORTANCE DES SERVICES

Que la Médecine rendroit à la Société, si, pour bannir le charlatanisme, on faisoit dépendre de leurs succès réels, l'honneur et la fortune des Médecins.

EN étudiant les goûts, les habitudes des malades, les préventions qui se trouvent dans la société ; en réfléchissant sur la manière dont, en Médecine, se font la plupart des réputations : on ne peut se le dissimuler, et je crois en avoir donné des preuves suffisantes, il existe dans les institutions médicales, un vice essentiel qui s'oppose aux progrès ultérieurs de la science, et surtout aux heureuses applications que l'on pourroit en faire.

De nouvelles et utiles institutions ont été proposées; mais jusqu'ici les pensées les plus sages, ainsi que les déclamations les plus virulentes ont à peine excité la sollicitude des législateurs, qui dans tous les temps n'ont opposé au charlatanisme que des lois insignifiantes ou inexécutées (1).

---

(1) « On ne peut, dit M. Vordoni, voir sans horreur que les législateurs qui sont entrés dans les détails les plus minutieux pour établir les limites d'un champ, pour assurer la plus petite clause d'un contrat, n'aient pris que quelques dispositions vagues, inutiles ou inexécutables pour la responsabilité de ceux qui tiennent dans leurs mains notre propre existence; de manière qu'il est vrai de dire qu'aujourd'hui, comme il y a trois mille ans, tout est garanti dans la société, excepté la vie des hommes, et qu'il existe un despote le plus absolu qui fût jamais, lequel exerce son pouvoir tyrannique sur les rois, sur les princes, sur les militaires et sur les peuples, sans aucun frein et sans avoir ni juges ni inspecteurs : c'est le charlatanisme. Il est temps que le législateur daigne s'occuper d'un désordre aussi extraordinaires par une loi que réclament en vain depuis long-temps la justice, la politique et l'humanité ; c'est à un Médecin même qu'il appartient de divulguer un abus aussi criant ; mais c'est au Monarque dont le génie et le courage sont au niveau du titre qui lui a été décerné, de porter enfin dans cet épouvantable chaos les lumières de la raison et de l'équité ».

Les institutions que ce Médecin propose, mettroient terme à quelques-uns des abus que l'on remarque sous la législation actuelle ; mais elles seroient très-onéreuses pour la plupart des familles ; et dans nos contrées, à peine le quart des places dont il propose la création pourroit-il être rempli par des hommes pourvus d'un diplôme constatant leur aptitude à traiter les maladies internes, qui sont les plus fréquentes, les plus dangereuses et les plus difficiles à connoître. D'ailleurs, des

La population est-elle donc réellement excessive?.. Loin de partager relativement à cette question, des idées que récemment encore on a émises, je démontrerai que la France elle-même, sous de bonnes institutions rurales, peut nourrir un nombre d'hommes bien plus considérable qu'elle ne l'a fait jusqu'ici; que cet accroissement de population qui augmenteroit la fortune publique, ajouteroit aux jouissances individuelles, et que, si dans quelques siècles, la terre ne pouvoit

---

Médecins salariés seroient accusés d'insouciance, s'ils ne prescrivoient que les remèdes qu'ils croiroient nécessaires ; et s'ils inspiroient quelque confiance, ils se verroient avec peine obligés de se rendre souvent et à toute heure à la demande ou plutôt au caprice de personnes peu délicates qui, pour me servir d'une expression populaire, se feroient un jeu de les faire gagner leur argent. Bientôt abreuvés des dégoûts qui souvent leur seroient suscités par des rivaux avides d'obtenir la faveur publique, ils n'auroient point le sentiment de la dignité de leur profession, sans lequel on ne peut l'exercer utilement ; ils seroient incapables de se livrer à la douce émotion que fait éprouver le souvenir des maux que l'on a librement adoucis, et leurs ames affoiblies par les contrariétés, n'auroient point les qualités que M. De Buffon a reconnues être nécessaires à l'étude de la nature. « Les grandes vues d'un génie ardent qui embrasse tout d'un coup d'œil et les petites attentions d'un instinct laborieux ».

que difficilement suffire à l'immense population qu'il seroit aisé d'obtenir, on pourroit s'opposer à ce qu'elle augmentât, sans violer les lois de la morale, sans tolérer l'abus des remèdes que plusieurs publicistes et la plupart des Médecins considèrent comme la cause la plus puissante de l'affoiblissement de nos facultés physiques et intellectuelles, et de la destruction prématurée des peuples civilisés.

Je vais d'abord présenter les bases d'une institution qui, en rendant nécessaire l'étude de la statistique, en réunissant les intérêts des Médecins à ceux des malades, léveroit le voile dont se couvre le charlatanisme, influeroit aussi utilement sur le moral que sur le physique des nations qui l'adopteroient, et assureroit aux Médecins l'estime et la reconnoissance de leurs concitoyens, lorsqu'ils s'en rendroient dignes par leur humanité, leur zèle et leurs succès (1).

---

(1) Dans le mois de Mars dernier, je communiquai au Cercle médical les observations que je publie sur les évacuans, ainsi que mes pensées sur l'organisation et l'utilité de la Médecine. Elles furent remises à MM. Bosquillon et Chardel. M. le Rapporteur termine ainsi

Le Gouvernement pourroit dans chaque canton, nommer un Médecin qui se choisiroit, parmi ses jeunes collègues et autres Officiers de santé, autant d'aides qu'il y auroit de fois trois mille ames dans son arrondissement.

Les Médecins ainsi désignés ne recevroient aucune rétribution pour les soins qu'ils donneroient dans les maisons des pauvres, je veux dire, dans celles dont les habitans ne paieroient pas au moins cinq francs de contributions directes.

Lorsque dans leur arrondissement, le nombre des décès seroit diminué, l'Etat leur accorderoit une rétribution qui pourroit

---

son analyse : « Ce projet rempli de vues utiles, se distingue surtout par le désir du bien public ; mais qui ignore que l'on ne peut pas faire tout le bien possible et que l'exécution des meilleures idées est souvent impraticable » ?

Sans doute il ne dépend pas des Médecins de faire tout le bien possible ; mais le Législateur peut d'un mot applanir toutes les difficultés qui semblent s'opposer à l'exécution de mes idées : il peut rendre la France la plus heureuse et la plus sage des nations comme elle est la plus belle par sa constitution physique, la plus grande par ses exploits militaires.

être de cent francs par chaque décès en moins ; mais lorsque la mortalité seroit augmentée , loin de recevoir ce témoignage de la reconnoissance publique , ils verseroient une somme égale dans la caisse de l'administration , c'est-à-dire, cent francs pour chaque décès au-delà du nombre ordinaire , qui seroit le 20me. des décès observés pendant les vingt dernières années.

Pour rendre plus facile la comptabilité du Gouvernement , pour assurer des secours aux Médecins devenus valétudinaires ou à leurs familles, et pour prévenir leur ruine pendant les grandes épidémies, le maximum des sommes exigibles pourroit être établi sur le dixième de la mortalité ordinaire.

Lorsque la diminution dans le nombre total des décès égaleroit ou excéderoit ce dixième , que je suppose en France de cent cinquante mille ames , le trésor public seroit redevable de quinze millions. Mais cette somme, quoique méritée par les Médecins en général, ne seroit point ou rarement exigible en entier , car le nombre des décès ne seroit pas diminué dans tous les arrondissemens ; il pourroit même être augmenté dans quelques-uns.

La partie des quinze millions qui alors ne seroit pas exigible, formeroit avec les sommes déposées par les Médecins dans l'arrondissement desquels la mortalité seroit augmentée, une masse que l'on placeroit en rente viagère sur l'Etat, moitié au profit des cent Médecins qui auroient obtenu les plus grands succès, et des auteurs dont les mémoires ou observations seroient les plus utiles : l'autre moitié de ces rentes viagères, seroit répartie entre les Médecins infirmes, les enfans et les veuves de ceux qui seroient morts, après avoir rendu d'importans services.

Chaque année, les cent Médecins dont la pratique auroit été la moins heureuse, seroient remplacés par d'autres déjà exercés au traitement des maladies ; s'ils ne faisoient constater par un juri médical, que l'augmentation dans le nombre des décès auroit eu pour cause la présence d'une grande armée, un siège, l'ouverture d'un canal, une très-grande disette ou autres événemens extraordinaires : ils pourroient même alors être déchargés entièrement ou en partie de la responsabilité pécuniaire.

Les places vacantes par mort, démission

ou autrement, seroient données aux aides des arrondissemens dans lesquels on auroit obtenu les plus grands succès ; mais seulement après que les Médecins de ces arrondissemens auroient fait choix de celles qui leur seroient agréables.

Un Médecin inspecteur travailleroit dans chaque département, à en faire la topographie générale. Il correspondroit avec les autres Médecins, et rédigeroit des mémoires dans lesquels il exposeroit, au moins tous les ans, les plus importantes de leurs observations et les résultats de leur pratique.

Une topographie de la France importe tellement à l'économie politique, que je ne crois pas devoir émettre d'opinion sur les indemnités qu'il faudroit accorder aux auteurs d'un pareil travail qui suppose des connoissances aussi variées que profondes ; mais il conviendroit que ces indemnités fussent en partie basées sur les succès obtenus par les Médecins d'arrondissement que les inspecteurs devroient toujours éclairer de leurs conseils et auprès desquels ils se trouveroient alors intéressés à se rendre, lorsqu'une épidémie dangereuse rendroit leur présence utile.

Les

Les mémoires de ces Médecins inspecteurs offriroient en peu d'années, les élémens d'un code de Médecine bien plus régulier, bien plus complet que celui qu'Hippocrate nous a donné, en réunissant à ses propres observations celles que lui offroient les temples consacrés à la Médecine, et celles que lui communiquoient ses nombreux disciples. » Notre nature, comme l'a dit un éloquent » et célèbre professeur, exige que nous » considérions les objets par grandes masses, » que nous en jugions par grands résultats, » que nous les saisissions, en quelque sorte, » par le gros bout «.

Sous les institutions que je propose, on verroit partout des Médecins instruits (1) disposés à donner leurs soins aux malades.

____

(1) Les Médecins zèlés et instruits solliciteroient seuls les places dont je propose la création. Peut-être ne s'en présenteroit-il pas d'abord un nombre suffisant ; mais outre que chacun d'eux pourroit être chargé de plusieurs cantons, il est des Chirurgiens et des Officiers de santé qui pourroient aisément donner des preuves de leur aptitude à traiter les maladies internes et par conséquent à remplir ces places. Ils exerceroient d'ailleurs comme ils le font actuellement, ainsi que les Pharmaciens et les Sages-femmes.

Les pauvres, même ceux de la campagne,
qui souvent aujourd'hui périssent privés
de tout ce qui pourroit prolonger leur
existence et quelquefois victimes de l'impé-
ritie des personnes qui les approchent, recevroient des consolations, d'utiles conseils,
des secours, que les Médecins chargés d'une
manière spéciale de veiller à la conservation
des malheureux, ne leur refuseroient pas,
ne fût-ce que par intérêt; et si ces Médecins
étoient consultés sur l'administration des
fonds que l'on fait actuellement en faveur des
habitans des villes; ces fonds, je n'en doute
pas, seroient plus utilement employés qu'ils
ne l'ont été jusqu'ici (1). Pour une modique

---

(1) Les malades les plus intéressans, les pères de
famille, quelque malheureux qu'ils soient, abandonnent
rarement leurs maisons pour aller dans les hôpitaux
chercher des secours que d'ailleurs la plupart solici-
teroient en vain.

Si l'on ne recevoit dans ces établissemens que les
pauvres gravement affectés, les militaires et les personnes
qui désireroient y payer leur pension; un tiers de leurs
revenus fixes pourroit être distribué en secours à domi-
cile, et un autre tiers employé à donner de l'ouvrage
aux indigens valides.

Les hôpitaux étant moins surchargés de malades, on

rétribution, dont le maximum pourroit être déterminé, les malades riches recevroient les avis d'un homme qui, fortement in-

verroit rarement s'y développer des maladies contagieuses qui quelquefois en se propageant deviennent funestes à toutes les classes de la société, et l'on rendroit à l'Etat des bras qui lui sont à charge, en faisant travailler les pauvres, en leur apprenant des métiers.

Pendant les dix années qui ont précédé celle-ci, on a vu à Dinan, sous la direction d'un respectable Ecclésiastique, un établissement où près de 50 enfans dés deux sexes, presque tous au-dessous de 12 ans, recevoient pour prix de leur travail, une éducation suffisante et une nourriture saine : plusieurs étoient couchés et habillés. Des mandians valides pourroient labourer des landes qui ne sont aujourd'hui inutiles que parce qu'elles exigent trop de travaux manuels pour être soumises à de grandes cultures ; mais il conviendroit que l'Etat, en leur confiant ces terres, réservât une partie de leurs produits pour satisfaire aux besoins des colons qui éprouveroient des pertes ou des maladies.

Quelques familles instruites par le malheur, se féliciteroient de pouvoir, en conservant leurs habitudes, trouver dans ces établissemens une existence assurée. D'autres, craignant d'être obligées de s'y rendre, de se séparer ou de vivre renfermées dans les dépôts de département, s'efforceroient de mériter par leurs travaux et leur bonne conduite, l'estime et l'amitié de leurs voisins.

Le Gouvernement pourroit être indemnisé des légères

téressé à leur guérison, trouveroit la prin-
cipale source de ses jouissances dans la santé
et le bonheur de ses semblables. Je n'ai pas
besoin de le dire : on conçoit aisément combien la confiance qui résulteroit de ces
rapports, d'intérêt et de bienveillance influeroit sur la guérison des malades, combien
elle épargneroit de dégoûts aux Médecins.

Si, quoiqu'aidés des soins et des conseils
de leurs collègues (1), quelques Médecins

---

avances qu'il feroit pour les premiers établissemens, par
les impositions indirectes, par l'accroissement de la population et par l'amélioration de ces terres, qui toujours
resteroient à sa disposition ; mais il conviendroit de
rendre aussi heureux que possible le sort des colons
laborieux, et de leur assurer la jouissance des propriétés
confiées à leurs soins, tandis qu'ils s'acquitteroient avec
exactitude des obligations qui leur auroient été imposées.

(1) Les Médecins cessant d'être rivaux, leur réunion
pour consulter seroit toujours utile aux malades ; tandis
qu'aujourd'hui, comme le remarque M. Vordoni, si
c'est le Médecin ordinaire qui désire consulter ; c'est
presque toujours lorsque la maladie est bien connue et
incurable : il s'associe un Médecin de nom que souvent
il rend responsable de la mort du malade. Si c'est ce
dernier qui demande une consultation, son inutilité vient

d'arrondissement ne pouvoient s'opposer à une grande mortalité, le produit de leur pratique qui alors seroit très-étendue, les indemniseroit des sommes qu'ils auroient à compter. Mais il est rare que les malades soient gravement affectés au commencement des épidémies, et en indiquant les moyens de se soustraire à l'action des causes qui tendent à les développer, en guérissant les premiers malades, des Médecins qui inspireroient une entière confiance, pourroient presque toujours s'opposer à la contagion, sans laquelle on ne verroit point dans nos climats d'épidémies très-funestes. Les autres causes de destruction seroient aussi beaucoup moins actives qu'elles ne le sont aujourd'hui.

Un sentiment intérieur, un attrait irrésis-

---

de ce qu'elle déplaît au Médecin ordinaire, parce qu'elle marque un défaut de confiance, ou de ce que le Médecin appelé en consultation est d'un systême opposé à celui du Médecin ordinaire ; de ce qu'ils sont rivaux et quelquefois ennemis. Les discussions scandaleuses que souvent on observe dans ces réunions, ne sont pas toujours terminées, lorsque les malades, dans la plus cruelle anxiété, expirent entourés de Médecins dont ils ne reçoivent aucuns secours.

tible nous attache à la vie, quelquefois même
dans le malheur. Si souvent notre conduite
semble infirmer cette assertion, si nos habitudes tendent à nous détruire; c'est qu'il est
aisé de se méprendre sur les causes des maladies et sur les indications curatives qu'elles
présentent.

Quelques hommes croient, en s'aban-
donnant même à des intempérances, se
conformer au précepte souvent répété
d'après Celse : *Modo plus justo*, et suc-
combent pour avoir voulu trop promptement
se former une constitution à toute épreuve ;
d'autres, et c'est le plus grand nombre,
suivent sans réflexion leurs goûts et leurs
appétits, mais ne se livrent à des excès que
quand ils n'en connoissent point assez les
funestes conséquences : en sorte qu'il seroit,
je pense, plus aisé qu'on ne l'a cru jusqu'ici,
de diriger l'opinion sur cette partie importante de la Médecine, sur l'art de prévenir
les maladies. Si Locke, et surtout l'auteur
d'Emile, en parlant au cœur de nos mères,
ont pu les déterminer à renoncer aux jouissance du monde, pour nous donner les premiers soins ; s'ils ont pu débarrasser notre
enfance des liens qui s'opposoient à notre

développement : pourquoi la voix des Médecins inspirés par l'amour de leurs semblables et par leur propre intérêt, ne pourroit-elle se faire entendre ? Pourquoi la raison et la vérité ne triompheroient-elles pas de nos passions, de nos préjugés, de la mode même ?

Des Médecins constamment occupés à prévenir les maladies, encouragés par l'estime, l'amitié et la reconnoissance de leurs concitoyens, ne cesseroient de leur rappeler tout ce qui, dans les diverses circonstances de la vie, peut en altérer les fonctions ; ils seroient des plus fermes appuis de la morale, parce qu'en proposant le sacrifice de quelques jouissances dangereuses, en excitant à des travaux nécessaires, en unissant l'exemple au précepte, ils feroient entrevoir pour prix de ces travaux et de ces privations, une existence longue et heureuse, toujours incompatible avec une conduite opposée.

Si j'ai dit que ces Médecins seroient encouragés par l'estime et la reconnoissance de leurs concitoyens, ce n'est pas qu'ils ne puissent, en rendant à un père son fils adoré, à un époux sa sensible compagne, se procurer des jouissances que l'opinion ne peut

que foiblement modifier : mais ils sont nécessaires, ces encouragemens, pour exciter
le zèle du jeune homme encore étranger au
sentiment délicieux que procure le souvenir
des bienfaits, et qui, dès l'entrée de la
carrière qu'il devoit utilement parcourir, en
est éloigné parce qu'il craint de n'être pas
convenablement indemnisé des longs travaux,
des études pénibles, dangereuses et rebu-
tantes auxquelles il faut qu'il se livre, en
renonçant à toutes les jouissances de son
âge.

Il s'en présentera, dira-t-on, il s'en présentera toujours assez.... Oui : j'ajouterai
même que le nombre sera en raison inverse
de la considération dont ils jouiront, puisqu'il doit être en raison directe de celui des
maladies ; mais que pourrions-nous espérer
d'eux, s'ils ne voyoient dans l'exercice de
la Médecine que l'indemnité de leurs soins,
de leurs études et des dépenses qu'elles ont
nécessitées ; si trop nombreux, ils ne pouvoient que difficilement se procurer les
moyens de satisfaire à leurs besoins naturels
et indispensables ?

Tissot, riche et jouissant en Europe d'une

réputation que rien ne pouvoit ébranler, cède à des sollicitations, prescrit des remèdes qu'il sait devoir être nuisibles ! Que fera un Médecin d'un ordre inférieur, s'il ne pense qu'à sa fortune, à sa réputation ? resistera-t-il aux sollicitations d'un malade impatient et qui souvent pressé par des suggestions étrangères, est prêt à lui retirer sa confiance? refusera-t-il des remèdes qui le mettent à l'abri de toute responsabilité, et qui même en aggravant la maladie, lui assurent et l'admiration du public, et une forte rétribution ? Ah plutôt, il les indiquera lui-même, et souvent il le fera de bonne foi, parce que toujours empressé d'en faire usage, il ignorera les ressources de la nature, il verra des malades sans voir des maladies, puisqu'il méconnoîtra toujours et leur véritable caractère et les funestes effets des remèdes que, pour sa réputation, il devra leur opposer.

L'expérience chaque jour nous démontre qu'il n'est en Médecine de certitudes que celles qui résultent des sensations du Médecin, et on l'a dit avant moi : presque tout dans la pratique de cette science, dépend du coup-d'œil et d'un heureux instinct. Le

tempérament, l'âge, le sexe, les habi-
bitudes, les constitutions atmosphériques,
modifient tellement les affections que nous
éprouvons, qu'il en est peu que l'on puisse
considérer comme semblables : plusieurs,
quoique rapportées aux mêmes espèces dans
les meilleures classifications nosologiques,
exigent des soins bien différens, quelquefois
un traitement opposé. Un remède qui a
guéri lorsque la nature étoit préparée à son
action, quelques jours plus tôt ou plus tard
eût pu éteindre le reste de vie qu'il a ranimé,
et ce n'est pas sans raison que les peuples
anciens considérant la Médecine comme
sacrée, éloignoient de ses temples les pro-
fanes indiscrets.... *Hæc verò cùm sacra
sint, sacris hominibus demonstrantur ;
profanis verò nefas priusquàm scientiæ
sacris initiati fuerint.... HIPP. lex.*

L'institution que je propose seroit encore
bien plus féconde en résultats heureux, si
quelques-unes des places les plus distinguées
dans l'État devoient être le prix des grands
services rendus à l'humanité dans le traitement des maladies. On verroit alors en grand
nombre des hommes également distingués par
leurs talens, leurs vertus et leur naissance,

entrer dans la carrière médicale : on les
verroit sacrifier leurs fortunes pour soulager
les pauvres, s'oublier eux-mêmes pendant
les épidémies les plus funestes, et lutter
contre la mort avec autant d'art et de courage que nos braves en montrent lorsqu'ils
l'affrontent dans les combats (1). Un Gouvernement entouré d'hommes qui, constamment occupés des moyens d'assurer la pros-

---

(1) M. le Comte de la Garaye, dont mon père fut un
des collaborateurs, a donné un bel exemple de ce dévouement. Faire de la Médecine et de la Chimie une étude
profonde et raisonnée (a), de son château un hospice
où tous les pauvres malades recevoient des secours ;
donner du travail aux indigens valides, et à ses voisins
l'exemple de toutes les vertus ; enfin consacrer sa vie et
une grande fortune au service de l'humanité : telle fut la
conduite de M. De la Garaye, lorsqu'il eut renoncé au
monde qu'il avoit aimé. Mme. de Genlis a connu le su-
blime de cette action, et en la citant dans Adèle et
Théodore, elle a décrit les restes majestueux du château
que M. De la Garaye occupoit à un quart de lieue de
Dinan. Ces ruines entourées de belles plantations,
exciteroient la curiosité des voyageurs, lors même
qu'elles ne rappelleroient pas les actions les plus belles,
les plus vraiment héroïques.

(a) Il a publié un traité sur la Prognostique, et on lui doit la
préparation de quinquina connue sous le nom de sel de la Garaye.

périté et le bonheur de leurs semblables,
n'auroient eu, pour ainsi dire, d'autre
vœu, d'autres pensées, jouiroit toujours
d'une entière confiance, de l'estime et de
l'amour des peuples.

La Médecine, en devenant de toutes les
sciences la plus utile, en concourant plus
que toute autre à nous procurer des jouissances réelles, augmenteroit la fortune publique et diminueroit les charges individuelles. Ces propositions me paroissent des
conséquences que l'on peut aisément déduire
des faits que je vais rappeler.

Le fonds annuel dont j'ai fixé le maximum, ne seroit point fait si la mortalité
n'étoit pas diminuée : dans aucun cas il
n'équivaudroit à un centime par franc
de ce que nous payons aujourd'hui. Sans
doute, personne ne refuseroit cette foible
rétribution pour se conserver la vie, pour
la conserver à un ami, à un voisin, même
à un étranger : cependant on pourroit se
dispenser de l'ajouter aux charges actuelles.

L'on sait que les revenus de l'Etat sont
moins établis sur la terre que sur ses pro-

duits , et que ceux-ci s'accroissent avec le nombre , l'activité , l'intelligence et la force de ses habitans. Chaque individu paie actuellement en France environ 35 francs. Cent cinquante mille conservés à la vie la première année , pourroient payer plus de cinq millions; la seconde année, l'Etat dont les charges ne seroient que foiblement augmentées , percevroit au moins cinq millions sur l'industrie des mêmes personnes ; et de plus, cinq millions sur cent cinquante mille autres également conservées à la vie : en sorte qu'après la seconde année , le trésor public seroit dépositaire de quinze millions. Une somme égale reçue la troisième , augmenteroit tous les ans au moins de cinq millions, en décharge de la population actuelle. Je dis au moins, car la mortalité seroit plus considérablement diminuée que je ne l'ai supposé.

Cette diminution seroit de plus de moitié dans les villes où une Médecine débilitante et perturbatrice est généralement adoptée , si des Médecins judicieux consultoient tous les malades. D'ailleurs la population ne s'accroît pas seulement des personnes conservées à la vie , mais encore des enfans qui en naissent, et l'on peut ajouter que la nation, devenant assez forte pour en imposer aux autres peuples, et assez sage pour ne rechercher le bonheur que dans la jouissance des biens qu'elle pourroit légitimement se procurer , seroit rarement exposée aux guerres qui dans tous les siècles connus ont désolé l'Europe.

Si les décès prématurés devenoient aussi rares qu'ils pourroient l'être, sans doute on observeroit un accroissement rapide dans la population ; mais devons-nous partager à cet égard les inquiétudes récemment émises par M. Malthus et quelques autres publicistes? Des chiens et des chèvres, nous disent-ils, ont péri dans une île après y avoir consommé tout ce qui pouvoit servir à leur nourriture,.... Ces animaux ne savent ni conserver , ni faire se reproduire les choses nécessaires à leur subsistance : ils étoient renfermés, tandis que le domaine de l'homme industrieux est la terre, dont les produits, livrés au commerce, deviennent une propriété commune. L'on sait que les constitutions atmosphériques varient dans les divers climats ; qu'une année stérile pour une contrée est pour une autre une année d'abondance , et que des insectes , des oiseaux et autres animaux inutiles , qui aujourd'hui dévorent et altèrent nos récoltes, disparoîtroient entièrement ou en grande partie des contrées où l'on donneroit à l'agriculture des soins suffisans.

En augmentant le nombre des cultivateurs, en récompensant, en éclairant leur industrie, en excitant leur activité , la France pourroit suffire à une population bien plus que double de ce qu'elle est aujourd'hui (1), et pour assurer , pendant les années les moins fertiles , l'existence de cette nombreuse population , l'Etat , enrichi par des exportations que peuvent procurer des manufactures abondamment pourvues de bras , établiroit des greniers publics.

Dans les circonstances les plus malheureuses on échangeroit au dehors des produits de l'industrie, contre des denrées de première

____

(1) M. Humboldt a calculé qu'en France la population doubleroit en 214 ans, si aucune guerre, aucune maladie contagieuse ne diminuoit l'excès annuel des naissances sur les décès....

Essai politique, etc.

nécessité ; mais on seroit rarement obligé de faire ces échanges, si loin de surimposer les fonds améliorés par des plantations, des défoncemens, l'apport de terres étrangères,.. on multiplioit les récompenses que l'on accorde aux cultivateurs qui se distinguent dans ces travaux pénibles et très-coûteux ; si ces hommes laborieux n'étoient point obligés, aussitôt après la récolte, d'en céder les produits, ou de les faire consommer à des bestiaux qu'ils veulent promptement engraisser et vendre, pour satisfaire aux obligations qu'ils ont contractées ; si les propriétaires, trouvant dans des exportations limitées par des lois sages et constantes, le moyen de se défaire des denrées superflues, n'étoient point découragés par des années d'abondance qui s'opposent à ce qu'ils fassent cultiver à leur compte, lorsqu'ils ne consultent que leurs intérêts.

Le prix des denrées n'étant point alors en rapport avec les avances que font les cultivateurs, ceux-ci négligent la plupart des soins sans lesquels on ne peut se promettre d'abondantes récoltes ; ils négligent la culture des racines, de la pomme de terre, de ce

précieux

précieux végétal dont les produits sont presqu'indépendans des constitutions atmosphériques; ils laissent en jachère des terres très-
propres à la végétation, et cette abondance
qui toujours fait perdre aux propriétés fon-
cières une partie de leur valeur, en en-
traînant la ruine des fermiers, devient en
quelque sorte , la cause de la disette qui
bientôt lui succède (1).

Pour assurer des secours aux indigens et
les exciter au travail; pour attacher au sol
de la France les hommes industrieux , on

───────────

(1) L'agriculture importe tellement au bonheur de la
société , que je crois devoir rappeler ici quelques faits
propres à faire connoître ce qui résulteroit d'une bonne
culture généralement adoptée en France.

On voit dans le cabinet de mon beau-père, auteur
de la Topographie de l'arrondissement de Lamballe
et de quelques autres écrits relatifs à la Médecine, un
pied de froment qui porte 330 épis, dont la plupart ont
plus de 30 grains : en sorte que le produit d'un grain
peut être de plus de dix mille. Entraîné par ses goûts
vers l'agriculture, il l'a enseignée dans ses écrits; il en a,
par l'exemple , propagé les meilleures pratiques , et en
faisant de grandes pépinières d'arbres indigènes et
étrangers , il a plus que décuplé le produit ordinaire des
terres qu'il y a employées.

Mon frère s'est également occupé avec succès de la

pourroit exiger qu'à l'époque de leur mariage, les époux plaçassent sur une tontine,

---

culture des pépinières, et en excitant ses fermiers à
moitié à prévenir par de profonds labours, les effets
d'une sécheresse excessive, à donner ainsi aux plantes
une terre dont les sucs ne sont point épuisés, à faciliter
l'écoulement des eaux dont l'action pourroit être nuisible, à rechercher la nourriture de leurs bestiaux et
d'utiles engrais dans des herbes qui, lorsqu'elles ne
sont pas arrachées, font périr les récoltes ; en faisant
alterner le froment avec le blé noir, l'orge, l'avoine,
la pomme de terre faite à la charrue ; en améliorant le
sol par des engrais pris à la mer, dans des fosses à
terreau et dans les villes voisines ; en employant toujours
pour semence et en procurant à d'autres agriculteurs des
grains de première qualité ; en créant des prairies de
trèfle, de luzerne, d'ajonc ; en donnant à ses abeilles
élevées dans des ruches à diaphragme, dites villageoises,
les soins que l'expérience lui a appris être nécessaires à
leur conservation dans nos climats ; en cultivant des
tabacs qui toujours ont été considérés comme des
plus abondans et des meilleurs de l'arrondissement de
Saint-Malo ; en donnant des soins particuliers aux
arbres qui doivent porter des fruits ; en faisant dans
les terres peu productives, des plantations propres au
sol qu'il leur consacre, et plusieurs autres travaux
dont la plupart des cultivateurs sont éloignés, parce
qu'ils ne peuvent attendre long-temps l'indemnité de
leurs avances : mon frère a prouvé combien la culture
pourroit être améliorée, même dans le canton qu'il
habite, quoiqu'elle y soit moins mauvaise que dans les

une somme suffisante pour satisfaire aux besoins des vieillards, des infirmes et des familles surchargées d'enfans. Ces fonds seroient prêtés à ceux des actionnaires qui

pays dont les habitans plus sédentaires n'ont point observé ailleurs l'influence d'une culture raisonnée et modifiée selon la nature des terres.

Un hectare et demi (trois journaux) de sa retenue, en Pleurtuit, arrondissement de Saint-Malo, lui produisit, il y a trois ans, une abondante récolte de très-bon tabac, après lequel 150 kilogrammes de froment en donnèrent 4,500; ce qui eût pu suffire à la nourriture de 15 à 20 personnes de tout âge. On voit quelle immense population nourriroit la France, si en proportion de la qualité des terres, on pouvoit compter sur des produits analogues : mais un trop petit nombre de propriétaires s'occupe de l'agriculture, et la plupart des fermiers manquant de bras, d'instruction et d'argent, sont à peine indemnisés des foibles avances qu'ils peuvent faire : c'est ce qui, il y a deux ans, obligea mon frère, malgré l'excessive distance, à donner ses soins et à mettre à moitié une de ses métairies, en Saint-Juvat, arrondissement de Dinan. Sur cette ferme de 40 hectares, le fermier ne récolta, en 1810, que 4,000 kilogrammes de froment, quoiqu'il en eût mis 1,800 dans une terre au moins égale à celle du champ dont j'ai parlé, et qui, comme on l'a vu, donna, la même année, trente pour un. L'année dernière, les produits de cette métairie furent beaucoup augmentés, et cette année, ils ont été plus que triples de ce qu'ils étoient avant que mon frère en dirigeât la culture.

éprouveroient des malheurs, ou qui croiroient pouvoir les placer utilement. Les derniers paieroient seuls un modique intérêt ; mais tous donneroient une garantie suffisante pour assurer le remboursement du capital.

Les hommes intelligens et laborieux auxquels la fortune n'a pas été favorable, travailleroient pour s'associer à cet établissement, et habitués, souvent dès leur enfance, à des exercices utiles, à des économies, ils ne se livreroient point ou rarement, à des excès qui altèrent leur santé, causent et perpétuent leur misère. Ceux qui auroient consacré leur jeunesse à la défense de l'Etat : ceux dont les économies auroient été employées pour conserver l'existence de leurs parens infirmes, seroient dispensés de la remise des fonds ou dotés par les communes. Celles-ci emploîroient à cet acte de bienfaisance les sommes qu'elles consacrent aujourd'hui pour déterminer au mariage des hommes qui souvent n'ont, quelques mois après leur union, que le souvenir du bienfait qu'ils ont reçu et les vices qu'une fortune inattendue peut faire contracter.

Enfin cette condition imposée aux jeunes époux, si la somme exigée n'étoit point excessive, concourroit à l'accroissement de la population, puisqu'elle assureroit aux pères de famille des secours qui augmenteroient avec le nombre de leurs enfans.

Si, dans la suite, le sol que nous habitons devenoit insuffisant pour nourrir tous les Français, les lois pourroient encourager l'émigration des hommes dangereux ou inutiles, prononcer la déportation de ceux qui commettroient des fautes graves contre la société ou contre les mœurs (1);

(1) Ces hommes, sous d'autres climats, acquerroient de nouvelles habitudes ; souvent ils concourroient à la prospérité de leur ancienne patrie, et en portant chez des peuples moins civilisés nos arts, nos connoissances et notre industrie, ils se concilieroient l'amitié et la reconnoissance de ces peuples. L'homme n'est point essentiellement vicieux ; les sauvages eux – mêmes cesseront d'être cruels envers nous, lorsque nous deviendrons justes envers eux.

Les Malegaches que l'on nous a peints comme les plus pervers, les plus fourbes, les plus flatteurs de tous les hommes, chez lesquels, si l'on en croit Flacourt, la vengeance et la trahison passent pour des vertus, la compassion et la reconnoissance pour des foiblesses, ont été plus récemment observés par un savant et

et mettre au mariage des conditions auxquelles ne satisferoient que difficilement
les hommes inutiles à la société , les hommes
qui n'ayant ni santé , ni talens, ni fortune ,
ne pourroient donner l'existence qu'à des
êtres malheureux , en proie à la douleur ,

----

illustre voyageur , M. Rochon. « J'ai assisté plusieurs
fois, dit-il , à des assemblées où ils traitoient d'affaires
importantes ; j'ai suivi leurs danses, leurs jeux, leurs
amusemens et je leur ai trouvé cette sage retenue qui
les garantit de ces excès funestes, de ces vices si com-
muns parmi les nations policées.... Nous oublions ,
ajoute-t-il , en parlant des îles Simbou , nous oublions
que le sol où vivent ces sauvages leur appartient au
même titre que la terre où nous vivons est à nous. Ils
sont presque sans armes , sans lumières, semblables
à des enfans ; et si ces enfans , à qui l'idée de propriété
est presqu'étrangère , ont commis quelque vol dont
ils ne connoissent pas l'importance, nous employons
la violence pour les forcer à en découvrir les com-
plices. Si la violence nous est inutile pour acquérir
cette connoissance, nous exerçons des représailles au
hasard, et souvent ces représailles tombent sur ceux
des sauvages qui se défient le moins de la barbarie
européenne, sur ceux même qui nous ont traités avec
le plus de générosité , sur ceux qui se croient en
droit de compter sur notre reconnoissance , sur ce sentiment que toutes les nations s'accordent à regarder
comme sacré «.

Voyage aux Indes orientales.

à charge et souvent nuisibles à leurs concitoyens ; mais , je le répète , la population
est loin d'être excessive , et il sera toujours
aisé de mettre des bornes à son accroissement. Hâtons-nous donc de soustraire à
la mort des citoyens utiles ; qu'ils cessent
au moins de périr sous l'égide d'une science
qui peut faire leur bonheur. Le Chinois qui,
dans la crainte de voir son pays trop peuplé,
refusa le salutaire préservatif de la petite
vérole , n'étoit point un bon père , et le
législateur devant être celui des peuples
qu'il gouverne , ne se laissera point entraîner par cet exemple que les instigateurs
de la dépopulation des Etats se plaisent à
citer.

Ces publicistes oublient , peut-être , que
c'est dans les pays couverts d'une population
nombreuse , que l'on observe ce sentiment
utile , cette louable émulation qui, en faisant
le bonheur des individus , assure la prospérité de l'Etat. » Quand elle n'excite pas les
» hommes, ce sont , a dit un des plus cé-
» lèbres écrivains du dernier siècle , ce sont
» presque des ânes qui vont leur chemin len-
» tement, qui s'arrêtent au premier obstacle,
» qui mangent tranquillement leurs char-

» dons à la vue des difficultés dont ils se
» rebutent (1) ; mais aux cris d'une voix
» qui les encourage, aux piqûres d'un ai-
» guillon qui les réveille, ce sont des cour-
» siers qui volent et qui sautent au-delà des
» barrières ». A la voix d'un législateur ha-
bile, des hommes doués d'une intelligence
supérieure, s'occupent des sciences, du
commerce et des arts ; ils dirigent les travaux manuels de l'agriculture : tous les bras

____

(1) L'excessive différence que l'on remarque dans
le prix annuel des denrées de première nécessité, les
maladies et les procès sont les causes les plus ordinaires
du découragement et de la ruine de familles honnêtes
et laborieuses. J'ai dit comment on pourroit rendre le prix
des denrées plus uniforme, les maladies plus rares,
moins longues et moins ruineuses. Si, comme l'assure
un ancien Juge, M. Selves, le nombre des procès
s'accroît avec celui des hommes de loi ; si l'esprit
de litige détruit la moralité des peuples : il conviendroit
peut-être d'accorder aux Avocats et aux Avoués une
récompense nationale, lorsqu'ils gagneroient les deux
tiers de leurs causes, et de suspendre de leurs fonctions
ceux qui en perdroient dans une assez grande proportion
pour qu'il parût évident qu'ils ne consultent pas toujours
les intérêts de leurs parties. Les procès deviendroient
alors aussi rares que les maladies ; les pauvres et les
opprimés trouveroient parmi les meilleurs Avocats de
zélés défenseurs.

sont occupés, et les propriétaires, ceux même qui n'ont aucune industrie, trouvent dans l'augmentation des produits de leurs terres, les moyens de se procurer aisément des objets d'arts, qui chaque jour leur sont offerts plus parfaits, en plus grand nombre et ordinairement à des prix plus modérés. Un accroissement de population seroit donc également avantageux aux citoyens et à l'Etat, et l'on reconnoîtra, je pense, que sous les institutions que je propose, l'homme marcheroit d'un pas sûr et rapide vers la perfection physique et morale.

Sans doute, nous ignorerons toujours le dernier terme de cette perfection ; mais l'on sait que de parens sains naissent des enfans sains (1), et que les passions douces, grandes et honnêtes, un exercice constant et modéré, un régime convenable et une pratique de Médecine raisonnée, sont les causes les plus puissantes de la longévité.

---

(1) Fortes creantur fortibus et bonis. *Horat. Od.*
Semen enim genitale ex omnibus corporis partibus provenit : ex sanis quidem sanum, et ex morbosis morbosum.

Hipp. De aëre, locis et aquis.

Rien dans la conformation essentielle de nos organes n'annonce une faculté d'existence moindre que celle des grands animaux, qui ordinairement n'ont parcouru que la septième partie de leur carrière, lorsque leur accroissement est terminé. Concluons de cette analogie et de l'unité d'intention toujours remarquée dans les opérations du créateur, que nos facultés physiques n'étant développées en entier qu'après vingt ans, un siècle ne suffiroit point à notre existence, si par nos goûts, nos habitudes dangereuses, nous n'avions interverti l'ordre de la nature, qui probablement reprendra un jour ses droits. Souvent alors on verra dans un corps bien organisé, un esprit assez fort pour commander à ses passions, assez juste pour prévoir la plupart des circonstances heureuses ou malheureuses, capables d'influer sur le succès de ses entreprises; et si dès l'enfance, un homme aussi heureusement constitué, a pu donner un libre essor à ses pensées; si sa santé lui permettant toujours de se livrer au travail, il a, pendant ses premières années, acquis par l'étude de l'histoire, l'expérience des siècles passés, il ne sera point ou rarement arrêté dans sa

marche toujours sagement dirigée : la fortune lui sera favorable — *Fortuna ad-
juncta est summis viris ad res benè ge-
rendas... Cic.*

Je n'ignore pas que des législateurs ont
cru devoir s'opposer à ce que ces hommes ,
dont les siècles ne nous offrent que quelques exemples , se multiplient (1); mais

---

(1) « Les grandes passions sont les plus propres à la
longévité , celles surtout qui naissent du désir de la
gloire.... Une pareille passion détruit toutes les autres...
Je pense que la raison pour laquelle les exemples de
longévité sont si rares qu'ils ne peuvent être rapportés
qu'au hasard , est le peu de lumière et de morale répan-
dues parmi les hommes.... Peut-on s'étonner que , cor-
rompus nous-mêmes, nous ne puissions donner l'existence
à des êtres d'une meilleure trempe? La politique ne favorise point les grandes passions, elle les craint ; c'est
la volupté , l'avarice , la vanité ; c'est l'esprit subtil ; ce
sont les arts frivoles, la ruse , l'adresse , jusqu'à la per-
fidie ; voilà les instrumens qu'elle emploie dans le grand
art de gouverner les états et sans lesquels elle ne sauroit
atteindre son but «.....

M. PREUX , *Pensées sur la longévité. Annales de Statistiq ,* 1802.

Que l'on ait pu ainsi assujettir des peuples insoumis
et barbares, *voluptatibus quibus Romani plus adversùs
subjectos quàm armis valent,* TACIT.... Que le luxe , la
volupté et le repos aient amolli , sous Agricola, le
courage féroce des anciens peuples de la Grande Bre-

quelle parité existe-t-il entre les états où
cette cruelle politique a paru réussir et les

tagne , cela peut être ; mais cette politique étoit-elle la
seule et la plus convenable ? Peut-elle aujourd'hui affer-
mir un trône ? Un Prince , en donnant l'exemple de pa-
reilles mœurs , ne verroit-il point ses facultés s'affoiblir
plus promptement encore que celles des membres du
corps social ? Ne craindroit-il point de trouver parmi
les hommes vains , fourbes , avares , voluptueux à
l'excès, qu'il se seroit plû à former, des assassins ou des
conspirateurs ? Si même jusqu'au tombeau , la fortune
sembloit lui sourire ; avant d'y entrer, avant cette époque
où il ne vivra pour ses semblables que dans leur souvenir , ne chercheroit-il point à entr'ouvrir les pages de
l'histoire ? Y verroit-il sans frémir , rappelé avec horreur,
son nom que le temps ne pourroit effacer de la mémoire
des peuples chez lesquels les connoissances transmises
par l'imprimerie ne peuvent rétrograder , chez lesquels,
par conséquent , les impulsions vicieuses ne peuvent
être durables ?

« L'intérêt d'un Prince , dit l'illustre auteur de l'Anti-
Machiavel , est de peupler un pays, de le rendre flo-
rissant et non de le dévaster et de le détruire «. *Cha. 5.*

Les habitans de l'ancienne Grèce , de l'Egypte, de
l'Asie mineure , nombreux et riches autrefois , voyoient
fleurir l'agriculture , le commerce , les arts et les
sciences : leur état actuel justifie l'observation de Mon-
tesquieu : « Les hommes , dit-il , en parlant du despo-
tisme , nés dans la langueur et dans la misère , dans
l'ignorance ou les préjugés du gouvernement, se sont
vu détruire , souvent sans sentir les causes de leur
destruction ». *Esprit des lois.*

grands empires qui , sous un seul système ,
doivent réunir tous les peuples de l'Europe ?
Instruits par l'expérience , les membres épars
de cette grande société ne penseront point à
exercer par eux-mêmes la puissance suprême.
Et qui pourroit l'usurper , lorsqu'un grand
Prince , l'ayant fixée par de fortes institutions,
veillera à ce qu'il n'en soit fait usage que
pour le bonheur des peuples qu'il laissera
paisiblement jouir de la plus grande partie
du produit de leurs travaux , et de tous les
droits civils et politiques compatibles avec
la sûreté du corps social ?

L'homme bien né , dont l'éducation, sous
un tel Gouvernement , aura été sagement
dirigée , ne se livrera point ou rarement à
des voluptés dangereuses ; il ne recevra point
l'influence funeste des passions débilitantes ;
la jalousie, la crainte, la haine , n'éteindront
point en lui le principe de la vie , que sans
peine il verra finir , lorsqu'il retournera au
sein du Créateur , après avoir parcouru une
carrière longue et honorable.

Je n'ai que sommairement indiqué les
moyens de prolonger cette carrière et de
l'embellir : j'ai néanmoins dit beaucoup si

ma voix peut être entendue ; mais si , comme tant d'autres , cet écrit doit rester inutile ; s'il ne peut concourir au bonheur de mes concitoyens ;.... mes efforts au moins auront tendu à m'acquitter envers eux. — O vous, qui au sein des grandeurs , n'avez point oublié vos semblables ; vous qui approchez le Souverain ; dites-lui que chaque jour des milliers d'hommes périssent privés des soins qui eussent pu prolonger leur existence ou rendre moins pénibles leurs derniers momens. Il y sera sensible et vous ne pouvez le mieux servir. Qu'il voie ces malheureux bénissant la main qui, au nom du plus grand des Princes , leur apporteroit avec des secours , la santé et la vie. Dites-lui que ces victoires sur la mort seroient de tous ses triomphes le plus beau comme le plus facile ; qu'elles seules désormais peuvent ajouter à l'éclat dont il a su environner son trône.

F I N.